国家出版基金项目
NATIONAL PUBLICATION FOUNDATION

号角
红色印刷记忆

李英 著

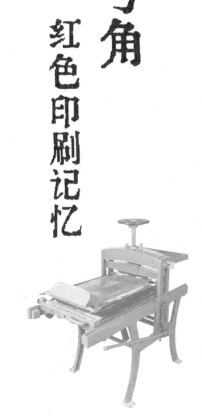

江西人民出版社
Jiangxi People's Publishing House
全国百佳出版社

光荣属于烽火年代的印刷工人

陈丕显题

一九八六年八月

原中共中央顾问委员会常务委员陈丕显1986年为庆祝抗日战争胜利41周年题词。新四军暨华中抗日根据地研究会北京印刷联络组编：烽火年代的印刷战线[M].北京：解放军出版社，1987

在烽火年代的印刷战线

同志们的劳绩是永远值得我们纪念的

叶飞题
一九八六年

开国上将叶飞1986年在庆祝抗日战争胜利41周年时为印刷战
线题词。新四军暨华中抗日根据地研究会北京印刷联络组
编：烽火年代的印刷战线[M].北京：解放军出版社，1987

目 录

初　心

时常有人好奇地问我：铅活字是怎么做出来的？

答曰：铅字的"母亲"是字模。

他们追问：字模长什么样？

又追问：在烽火硝烟的艰苦岁月里，中国共产党人如何用印刷品开展行之有效的宣传？用的是油印、石印还是铅印呢？为什么说用马兰草造纸是中国共产党人的发明？纸型是什么？为什么我们的红色书刊多采用"新5号"字而不用"老5号"字……

很长一段时间以来，我一直在深深地思索着两个问题：第一，今天我们为什么要讲述红色故事？第二，怎样用我们的印刷物讲好红色故事？

习近平总书记指出："共和国是红色的，不能淡化这个颜色。"革命文物承载党和人民英勇奋斗的光荣历史，记载中国革命的伟大历程和感人事迹，是党和国家的宝贵财富，是弘扬革命传统和革命文化、加强社会主义精神文明建设、激发爱国热情、振奋民族精神的生动教材。初心的力量、信仰的光芒只有伴随一个个经典的红色故事或者印迹，才能得以更好地传承、弘扬。于是，就有了这本以红色印刷文物为载体、生动讲述红色印刷故事、传承红色基因、培养时代新人为主题的读物。

毛泽东同志说："印刷厂的工作很重要，印刷厂生产精神食粮，办好一个印刷厂，抵得上一个师。"[1] 朱德总司令为印刷厂题词："你们（八路军印刷厂）

---

① 乌兆彦.情暖清凉山——忆毛泽东关心印刷职工片断[J].广东印刷，1998（5）：41.

对革命的贡献,等于十万支毛瑟枪!"① 曾任华北《新华日报》社长的何云常说:"一个铅字等于一颗子弹。"在领导中国革命走向胜利的烽火岁月,中国共产党因时应势,开展了形式多样的新闻出版印刷工作。印刷机印出的书、报、刊、传单等等,是中国共产党传播马克思主义真理、宣传党的主张的有力武器,是歼击敌人的呼啸子弹,是唤醒民族、鼓舞士气的嘹亮号角,是加强党的建设、教育党员的优秀读本,是中华民族争取解放、独立、自由无比强大的力量。

不忘初心,方得始终。编撰本书的初心就是要让红色印刷文物焕发出新的时代光芒,让红色印记、红色记忆、红色基因代代传承,让默默的历史变得鲜活。为了使本书图文并茂,让红色印刷直观、立体,"有图有真相",在编写过程中我参考了大量红色书籍史料,借阅了大批珍贵的红色文物,得到了许多单位、专家、学者的热切关心、热情鼓励与无私支持,获得许多珍贵的图片,这让我深受感动、倍受鼓舞,也是我能够克服重重困难著成此书的动力。在此,对他们一并表示诚挚的感谢!

山河无恙,英雄不朽。在烽火连天、枪林弹雨中,中国新闻出版印刷战线的仁人志士们满怀爱国情、报国志,在党的领导下,一手拿枪一手刷墨,为中华人民共和国的成立做出了巨大牺牲与贡献。翻开这本书,那峥嵘岁月便立即展现在眼前,硝烟弥漫的战场便立即鲜活起来:号角嘹亮、铅字上膛、印机怒吼、油墨喷香,"铅字和子弹共鸣,笔杆与枪杆齐飞";紧随部队的印刷厂为前线制造着另一种子弹,一种纸质的精神子弹;一份份报刊阐释着坚如磐石的信仰、信念与理想,一张张传单讲述着服务人民的政策主张,一册册图书彰显历久弥新的初心使命……中国报业史上连续出版时间最长的党报出版单位山东大众日报社有 578 位编辑、印刷工人、发行职工在斗争中牺牲,160 多位沂蒙乡亲为保护报社和印刷物资献出了宝贵生命;中国共产党领导的红色印刷事业,从偏僻乡村到中心城市,从区域印刷到全国发行,从油印、石印到铅印、胶印,从马兰纸、土草纸到新闻纸、道林纸……

---

① 霍仲奎.回忆在延安八路军印刷厂的岁月［A］// 中国印刷技术协会.中国印刷年鉴（1982—1983）.北京:印刷工业出版社,1984：214.

为什么把印刷厂建在船上？

怎样利用日光晒制印版？

为什么要用马兰草造纸？

为什么在万水千山的艰苦长征途中还要挑着油印机？

百姓的婚房为什么变成了印刷所？

…………

透过书中的英雄、红色文物、红色故事，通过寻找这一个个答案，诸如历史为什么要选择中国共产党、人民为什么选择了中国共产党、中国共产党为什么能领导人民取得全国解放等等大问题、大道理可随之豁然开朗。

党的十八大以来，习近平总书记反复叮嘱要用好红色资源、讲好红色故事，传承红色基因。追溯过去，是为了更好地通往未来。让我们弘扬伟大建党精神，从红色历史宝库中汲取精神力量和智慧养分，高擎民族精神火炬，吹响时代前进号角，在党的领导下踔厉奋进、永远前进，以强烈的历史主动精神，积极投身全面建设社会主义现代化国家新征程，为实现中华民族伟大复兴的中国梦而奋斗！

是为序。

第一章

红色印刷方式

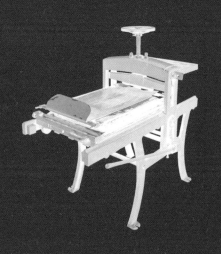

1940 年 9 月 10 日，中共中央发出《关于发展文化运动的指示》，指出："每一块较大的根据地上，应开办一个完全的印刷厂，已有印刷厂的，要力求完善与扩充。要把一个印刷厂的建设看得比建设一万、几万军队还重要。要注意组织报纸、刊物、书籍的发行工作，要有专门的运输机关与运输掩护部队，要把运输文化粮食看作比运输被服弹药还重要。"

中国共产党领导下的红色印刷出版，在短短 28 年的时间内，大多处于"地下"与"半地下"、"围剿"与反"围剿"、"扫荡"与反"扫荡"的恶劣环境下。印刷技术只能采用最便捷的工艺，印刷材料也相对廉价落后，印刷方式大多以刻版印刷，特别是蜡纸刻版油印为主，其次是石版印刷。铅印需要的原材料甚多，操作难度大，所以在条件艰苦的地方，铅活字印刷很少。正如 1939 年 5 月 17 日《中共中央关于宣传教育工作的指示》中要求的："各中央局、中央分局，区党委、省委应用各种方法建立自己的印刷所（区党委与省委力求设立铅字机）以出版地方报纸，翻印中央党报及书籍小册子。在不能设立铅印机时，即石印油印亦极重要。"足见当时我党的印刷技术面临的窘境。在今天的许多人眼中，红色印刷品与同一时期敌占区的印刷品相比，显得粗糙、简陋，甚至冒着"热乎乎"的土气。但倘若深入了解这些红色文物的印刷技术、印制过程，这些质朴的革命文物就会拂去黯淡，显露出鲜明的本色——红色。

今天，木刻、石印、油印、铅印……这些印刷方式虽然已经渐渐远去，但它们所蕴含的价值与光辉却从未褪色，它们值得被记录、传播与传承。

一、普及的木版刻印

木版刻印也称刻版、版印、梓行等，可以说是最早的印刷术。印刷这个词早在北宋沈括的《梦溪笔谈》中就已经出现。后来为了区分其他印刷新技术，将最早的木版刻印术称雕版印刷。雕版印刷通常是在平整后的木板上，反贴上书写的文稿，用刻刀把版面上没有字迹的部分削去，形成字体凸出的阳文，然后在凸起的字面上刷上墨汁，把纸覆在它的上面，轻轻拂刷纸背，图文就印在纸上了。

雕版印刷是所有印刷技术的鼻祖，是中国古代的四大发明之一。它的发明与发展，极大地推动了人类文明的进程。为什么这样讲？因为在漫长的古代文明长河中，它是出现时间最早、应用时间最长的印刷术。雕版印刷术在中国作为主流印刷术超过一千年。雕版印刷术的发明，不仅使历史悠久、博大精深的中华文化得到广泛传承，而且使中华文化得以同世界文化交流、向世界传播，并极大地推动了整个人类文明的进程。2009 年，中国的雕版印刷技艺被联合国教科文组织列为人类非物质文化遗产。

1939 年冬季，毛泽东写作了《中国革命和中国共产党》。书中第一章第一节就指出：中华民族"还在一千八百年前，已经发明了造纸法。在一千三百年前，已经发明了刻版印刷。在八百年前，更发明了活字印刷"。 这可以称得上是一段既宏观又精练的总结。

自 19 世纪中期起，机械印刷术传入中国，印刷技术进入雕版、铅印、石

木雕版以及刻版工具和刷印工具

印等多种工艺共存的时期。但即使在这样的时期，刻版印刷的需求及应用仍旧广泛。在 19 世纪 30—40 年代，已形成的木刻中心依然发挥着各自的作用，那些地方的刻版工匠人数依然众多。民国时期四川刻书仍然有百余家，刻版印书超过 6 000 种。不过，在这一时期，木刻的重心开始从书籍印刷转向版画、年画、商业的零星业务印刷。

在中国共产党领导的思想舆论宣传斗争中，在各根据地，绝大多数的书籍封面仍然采用木版印刷的方式，基本上各边区也都有木版印刷工坊。1944年，晋察冀根据地河北枣南县（现枣强县南部）还正式开办了一家木版印刷作坊，共有刻版、印刷、装订工人20多人，主要刻版印刷小学课本。到1945年初春，为了让更多的枣南孩子有书读，又扩大了生产，全厂有40多位工人。除了这种单一工艺的木版印刷工厂，几乎所有的印刷厂、印书局也都设有木刻的部门。刻版主要应用于印刷钞票、邮票、证照、版画、传单、报头、插图等。现代意义上的版画也正是由此勃兴。鲁迅说："当革命时，版画之用最广，虽极匆忙，顷刻能办"。的确，战争年代兵荒马乱，劳苦大众识字率不高，版画更有用武之地。

解放战争时期延安边区报纸插图木版画党旗，《延安革命纪念馆木刻版画集》，中国画报出版社

克坦 像東澤毛

1937年6月22日《解放周刊》印发的
毛泽东木刻像，坦克作品

二、便捷的铁笔油印

油印属于孔版印刷，即印版的图文部分为孔隙，所以也被称为漏印、漏版。两千多年前，中国人就运用漏印技术印花染绸、装饰生活。当代应用广泛的丝网印刷也属于孔版印刷。在西法东渐的大潮中，新的孔版印刷工艺也传入我国。这种新工艺是在涂蜡的纸上对图文部分刻画或腐蚀，形成漏孔，再刮上油墨刷印。之后更是升级为用丝网涂感光胶制版。现代的很多纺织品、包装品都是应用丝网漏印印制的。

从技术的角度来讲，油印实际上有三种工艺。第一种是用铁笔写字，笔尖刻掉纸基上的蜡层，形成微孔，然后进行油印，称"铁笔蜡纸油印"；第二种是用毛笔蘸稀酸，绘写于涂有胶膜的纸基上，蚀去胶膜，露出纤维微孔，然后进行油印，称"真笔版"；第三种是用打字的方式，将字盘上的铅活字弹出，锤击纸基蜡层，形成微孔，然后油印，称"打字蜡纸油印"。真笔版仅在日本和中国有短暂的应用，打字油印在历史长河中也仅算是昙花一现。这三种工艺中，最为大众熟悉的就是铁笔油印，它也被称为誊写版印刷。它是由托马斯•爱迪生（Thomas Edison）发明的。1876 年 8 月 8 日，爱迪生获得了油印机发明专利，之后很长一段时间内，油印技术风靡全世界。如果你只需要几份文件副本，你可以使用复写纸；如果你需要数千份，你应该交给铅印机或者胶印机；但是如果你需要几十份或者几百份，油印就是最好的选择。1876 年爱迪生获得的专利不只涵盖了平板油印机，还包括铁笔。

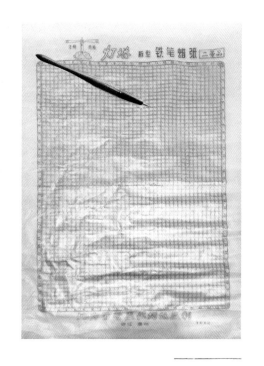

蜡纸和铁笔

在革命战争时期，刻版油印极为普遍，所有根据地的党政机关和群众团体，军队的政治部都设有油印科（股），每家报社也都各有一个油印科（股），除了印刷报纸外，还油印书籍、文件和其他宣传品。仅以中共川陕省委的油印科为例：这个油印科共有8人，其中6名缮写员，2名油印员，除了刻写油印机关报《共产党》，还油印文件、布告、传单、捷报、歌本等。当年，新华社的记者们辗转敌后，随身背的不是笔记本电脑，而是刻纸铁笔和油印机。油印几乎是宣传战线上的战士们的必杀技，如同现代从事宣传工作的人必会使用办公软件一样。当年，革命队伍里写一手好字的人，都会兼职刻写蜡纸。这些新闻印刷战线的同志一个人就能完成采、写、编、排、刻、印、分、发、藏（隐藏）全部工序，他们被称为"铁笔战士"。

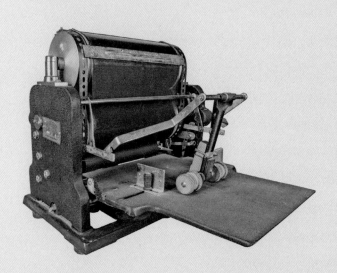

上图　1944年白洋淀雁翎队在芦苇丛中印
制宣传品，袁克忠摄　选自《中国红色摄影
史录（上）》，山西人民出版社，2009年，
496页

下图　电动油印机

三、灵活的铅版印刷

铅印属于凸版印刷的一种，即印版的图文部分凸起。被称为"文明之母"的刻版印刷术也属于凸印。泥活字也好，木活字也好，铅活字也罢，都属于凸版印刷。众所周知，毕昇在一千年前的北宋时期就发明了活字印刷术。中国人还应用过各种各样的材料制作活字，如铅、锡、木等等。但在手工时代，活字印刷在中国始终没能成为最主流的印刷术。1450 年前后，德国人谷登堡发明了压印机，这一发明与冲压字模、铸铅合金活字组合在一起，创造了西文印刷的传奇。印刷机的发明，用平压平的方式，解决了活字版手工刷印效果不佳的难题，并极大地提高了印刷效率。活字印刷术从此如日方升，印刷业凭借此进入了工业时代。

然而，谷氏活字术，在数个世纪内都没有引起中国人的关注，因为中国人早已对活字印刷习以为常，并且，刻版印刷几乎完全能够满足古代社会对于文化、产品的需求。何况，中文方块字笔画复杂、字数众多，无论采用哪种活字材料，制字和排版的难度都和西文世界完全不是一个数量级。

活字印刷在中国得到快速发展和应用与近代报业在中国的萌芽密不可分。19 世纪下半叶，近代报业在中国兴起。20 世纪初，报纸作为大众传播媒介的代表在中国逐渐"走红"。早期的报纸就叫新闻纸。报纸印刷有四个鲜明的特点：一是对于制版速度的要求很严苛，如果制版时间过长，像依靠手工木刻印版，显然新闻容易成为旧闻。二是印刷工艺难度大，报纸通常幅面较大，如果用传统的刻版方式，质量难以保证，使用平压平的铅版印刷机能保证大幅面印刷的质量。三是印量较大，这也是报纸作为大众传播媒介界"扛把子"的重要特征，而大批量报纸要在短时间内印成，有赖使用印刷机。四是报纸的新闻性决定了印版的一次性，经典书籍有再版的可能和保存的必要，而报纸内容需要日日更新，印版则需要频繁更换。在当时普遍应用的印刷技术中，同时满足这四点的就只有铅印。由此，尽管中文世界在字模制作、活字铸字、拣字排版、拆版还字等活字工序中，有着诸多难以言说的天然壁垒，但最终，需求激励创新，中国人还是克服了重重困难，使这一技术得到广泛应用。

查阅近代印刷史料，特别是红色读物，读者常常会看到铅活字的字号有"新五号"和"老五号"，傻傻分不清，所以有必要普及一下。在常规的排版中，铅活字的大小称为"字号"，字号以"点"point（pt）作为单位。五号字是铅字排版里面最基本的规格，通常的五号字为10.5pt。革命战争时期，为了节省纸张，增加版面内容，"新五号"字逐渐流行。所谓"新五号"字实际就是小五号字，大小为9pt，所以红色印刷读物通常密密麻麻，对视力的要求很高，但凡近视眼、老花眼，阅读起来都比较吃力。

自19世纪下半叶至20世纪末，铅印技术在中国应用了一百多年，在中国印刷史上写下了重要的篇章，对中国报业的发展起到了巨大的促进作用。在中国共产党新闻印刷峥嵘岁月里，铅印更是扮演了无可替代的角色。

右页上图　铜字模

右页下图　铅活字

1942 年，河北平山碾盘沟晋察冀画报
社铅印排字，沙飞摄，河北省平山县
晋察冀画报社陈列馆藏

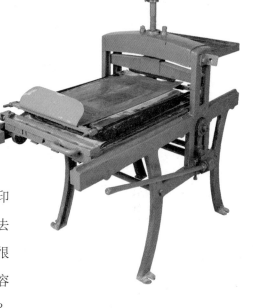

手动石印机，中国印刷博物馆藏

四、多用的石版印刷

石印即石版印刷，是世界上最早的平版印刷技术，即图文与印版在同一平面。这听上去匪夷所思，无法想象。凸印、凹印、漏印都很好理解，因为印版上的图文部分相对独立，容易上墨。但一块平版怎么上墨？如何印刷呢？这里就要先讲述平版技术的发明故事。

18 世纪末，奥地利作曲家塞纳菲尔德在德国发明了石印术。1796 年的一天，他将母亲洗衣房的订单随手用蜡笔写在来自巴伐利亚一处采石场特产的一种质密细腻的浅色石灰岩板上，以防遗忘。后来，他无意间将湿衣服暂置于这块石板上，发现其上的字迹竟然印到了衣服上，难以洗掉。难能可贵的是，他细心观察并思考，发现石板上写有字迹的地方油乎乎的，水溅上去，水珠竟然自动滚开，不会打湿。其实，这一现象在人们的生活中很常见。其他人看到没有发现它有什么意义，而塞纳菲尔德就此发明了平版印刷术。塞纳菲尔德开始试着在石板

上图　1940年，陕甘宁边区政府在中央印刷厂石印部的基础上成立光华印刷厂，主要是石印钞票。图中为光华印刷厂的工人在磨石印版，《在战斗中成长壮大》，雷和平等，《金融时报》，2016年7月8日

下图　1944年7月，被营救的美军飞行员白格里欧中尉（右一），参观晋察冀画报社石印画报，沙飞摄，河北省平山县晋察冀画报社陈列馆藏

上涂油墨，用纸张成功印出图文。这一"水墨相斥"原理在石板上的发现，成为他发明石印术的基础，也是平版印刷技术的核心。石印简单易行，于是塞纳菲尔德开始用这种方法自己印刷乐谱。根据"在石上描绘"这一意思的希腊语，这种印刷方式被起名为Lithograph。

1834年2月26日，塞纳菲尔德在德国慕尼黑去世。他在世时，已经看到了在伦敦、巴黎、米兰、巴塞罗那、纽约等地的版画家和石版印刷工坊惊人地活跃起来。石印术甚至在印刷术的故乡中国登陆。1834年，中国广州出现了外国人张贴的用石版印刷的布告。1874年，上海徐家汇天主教堂附设的土山湾印书馆设石印印刷部，印制教会宣传品。1876年，创设申报馆的英国人美查在中国上海开设了点石斋石印局，开始石印图书和期刊。

石印制版有两种方法：一种是将图文直接用脂肪性物质书写、描绘在石板之上；另一种是通过照相、转写纸、转写墨等方法，将图文间接转印于石板之上。前者称作"绘石"，后者称作"落石"。绘石制版工艺简单，是石版印刷发明初期应用的工艺技术，落石制版工艺复杂，是在绘石制版基础上发展而成的工艺技术。

彩绘石印版

五、先进的胶版印刷

　　胶印是在石印基础上的技术创新，它们同属以"水墨相斥"为核心原理的平版印刷。那么问题来了，"胶印"为什么叫作"胶印"？顾名思义，胶印便是以涂布感光胶的印版为特征的印刷技术。但长期以来，国内学界大多误将胶印解释为：因为其橡皮布滚筒是橡胶材质，所以叫胶印。在红色革命时代，人们称胶印机为橡皮印刷机。胶印机的发明人一般被认为是美国人鲁贝尔。1904年，他成功地将金属印版上的图文墨迹先印到包在滚筒表面的橡皮布上，再由橡皮布转印到纸上。结果不仅印迹清晰，而且橡皮布有弹性，它与金属印版的接触，很少磨损，延长了金属印版的寿命，十分耐印，极大地提高了印刷机的生产力。胶印相对于石印的革新核心就是间接转印，就是印版和纸张不直接接触，开创了间接印刷技术。直到今天，胶印仍然是全世界最为主流的印刷方式。在英语中称胶印为"offset"，可以意译为转移印刷，也就是间接印刷。

　　在烽火年代里，胶印是极为稀罕的。第一是因为当时胶印机属于新技术装备，依赖进口，较为稀缺。第二是胶印制版需要光学设备、化学材料。而文字主要需通过汉字照相排字机排字、制版，效率不高。第三是胶印设备复杂，能熟练掌握这些器材的技术人才少，只能依靠从上海等大城市引进，相当紧缺。所以，胶印在整个红色印刷历史时期，只在条件较好的地区有短暂的应用。其印刷的产品主要为书籍封面、插图和票证。胶印一般通过照相制版，其突出的优势就是可以实现图像彩色印刷。图像通常是有明暗层次的变化和多彩的。画

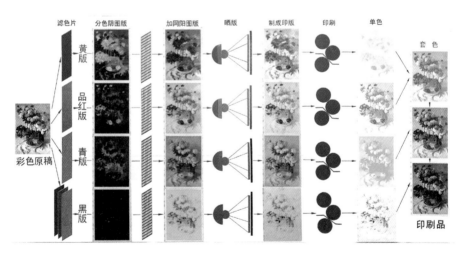

上图　胶印机胶辊

下图　四色胶印工艺原理图

家是依靠笔力的轻重，调节书画的淡浓。而印版的上墨过程是无法调控油墨厚薄的，需要通过网点的大与小，来控制油墨的多和少，才能有效地表现出丰富的图像层次。所以早期的胶印还有一道无比复杂的光学加网的工序。而今天，这道加网工序通过电脑软件就得以实现了。

1945 年 11 月，晋察冀边区印刷局进驻张家口市后，接收了原日伪蒙疆新闻社印刷厂和星野印刷厂，同时接收了这两个厂的全部设备。这两家厂使用的都是日产胶印机和锌皮版，属于当时较先进的印刷设备。但要开动这些先进的设备，又需要掌握先进技术的工人。因此，边区印刷局从北平、天津动员了一批有印刷技术专长的工人到张家口。从此，边区印刷局在生产能力上有了一个大的飞跃。后来，随着解放战争顺利进行，解放区货币的需求量不断增加，现有的胶印设备无法满足。印刷局决定自力更生制造胶印机。当时人才不多，设备也有限，自己制造胶印机，谈何容易。从 1948 年 11 月开始测量、绘图，克服了一个又一个困难，破解了一道又一道难题，1949 年 8 月，革命队伍还就真的制造出两台对开胶印机。

六、简易的蜡版印刷

顾名思义，蜡印就是以蜡为材料刻制印版的印刷工艺，它比木刻制版省工省时，适应革命战争时期宣传工作的需要。川陕根据地就曾因地制宜，用当地的原材料开发出特色蜡刻版印刷术，简单易行。具体操作方法是：

一、蜡刻版。用黄蜡（蜜蜂蜡一斤，白蜡一斤，石蜡一斤），混合加热，熔化后灌在定形框内，待冷却凝固后，将表面推平，就可以作为版材。

二、写样。用笔在毛边纸上写字和绘图，重点是使用施胶墨水书写，用薄纸。

三、上样。将图文原稿反贴在蜡板上面，用光滑的布团或软纸包轻轻地捶拓，使图文与蜡面相粘，再逐渐加力摩擦生热，因加热而进一步使原稿墨迹与蜡结合，蜡法浸透稿纸之后，纸蜡一体，字迹清晰。

四、刻版。用刀刻版。方法与木刻版相似，但因为蜡版柔软，雕刻非常容易。

五、印刷。用油墨印制，上纸后用软刷擦印，用力不能过大。

现收藏在四川省巴中市川陕革命根据地博物馆中的布告《为宣布刘湘等军阀十大罪状事》，就是一幅用蜡刻制版的大型印刷品。它是在 1934 年 1 月 30 日，由中华苏维埃共和国中央政府西北革命军事委员西北军区政治部印制的。蜡版虽然好刻，但其缺点也很多，包括印刷字体边缘不利，墨色较淡，字里行间还有走油现象。此外，由于蜡版是油性的，不能用水墨印，油水不溶，只能用油墨。当时苏区用的油墨主要靠自制，调油墨的油用的是桐油，一段时间之后就会出现走油现象，字里行间浸染黄褐色，而木刻版印刷用水性墨汁就没有走油的痕迹。总的来说，蜡版印刷使用比较少。

毕渐为状元赵谂第二初唱第而
都人急于传报以蜡版刻印渐字
所模点水不著墨传者厉声呼曰
状元毕斩第二人赵谂识者皆云
不祥而后谂以谋逆被诛则是毕
斩赵谂也

蜡版及蜡版印刷品，中国印刷博物馆藏

第二章

红色期刊印刷

期刊也称杂志，是有固定刊名，以期、卷、号或年、月为序，定期或不定期连续出版的印刷读物。实际上，在红色印刷的早期，报纸和期刊常常不分家，界限模糊，很多时候统称为报刊。多数情况下，红色期刊概念的界定主要集中在从五四运动到新中国成立这个阶段内具有进步意义的文献，也就是说红色期刊不仅包含中国共产党成立前后由中国共产党、中国共产主义（社会主义）青年团编辑出版的各类报刊，还包括受党影响的、具有进步意义的国民党刊物，如《农民运动》等。

如果说共产党领导的中国革命是靠"笔杆子、枪杆子"这两"杆子"，那么发挥作用最早的"笔杆子"其实是期刊。早期的红色期刊是革命的火种，并且最终"星星之火，可以燎原"。红色期刊是马克思主义在中国传播的助推器，也是当时风云激荡的历史的记录者，还是红色革命文化的重要组成部分。回顾红色期刊创办的初心，了解红色期刊办刊的艰难，体会红色期刊流传的不易，在历史与现实的对比中，我们才能够深刻理解中国共产党为什么能、马克思主义为什么行、中国特色社会主义为什么好。

「十九世紀初年、France 有 Napoleon 其人。」

如此一句寫時、須將本子直過來橫過去撥到如

固絕對主張漢文須改用左行橫迤如西文寫法

右甚為省力若縱視上下則二仰一俯頗為費力

至右均無論漢文西文一字筆勢罕有自右至左

橫迤而出則無一不便我極希望今後新教科書

教本也旣用橫寫則直過來橫過去之病可以盡

一、《新青年》新标点

一百多年前，一份期刊创刊，风靡全国，其影响力所及，延续了一个多世纪，成为一座文化坐标。它所倡导的文学革命，所开启的民主与科学的思想启蒙，彻底地改变了中国人的思维方式，推动着时代巨变的步伐。这份"无人不知，无人不晓"的期刊就是创刊于 1915 年 9 月的《新青年》（初名为《青年杂志》）。

1915 年初夏，陈独秀找到至交好友、安徽同乡汪孟邹，说要办一种"只要十年八年的工夫，一定会发生很大影响"的杂志。汪孟邹时为亚东图书馆的经理。但由于当时亚东图书馆本身财力较弱，于是，汪孟邹便推荐了陈子沛、陈子寿兄弟所创办的群益书社来承担杂志的印刷和出版发行工作。兄弟俩欣然同意，不仅同意，还愿意支付陈独秀每月 200 元稿费和编辑费。《青年杂志》就这样诞生了。后来，群益书社接到基督教上海青年会的函，认为《青年杂志》和他们的周报《上海青年》名字有些雷同，应该更名。"青年"一词在汉语中出现的时间并不长，早期这个词使用的语境中多富有教会色彩。陈独秀与群益书社兄弟俩商量后，决定从第 2 卷第 1 号起更名为《新青年》。从此，《新青年》闻名遐迩，以至于今天很少有人知道《青年杂志》是它的原名。

请细心的读者认真分辨，如图所示的《新青年》创刊号启事《敬告青年》中，标点符号与段落格式与今天的相比有哪些不同？共有几种标点符号？分别代表什么意思？

中国古代文言文一般是不用标点符号的，因此《三字经》里就强调从小要"明

上左　1915 年《青年杂志》创刊号

上右　1917 年 6 月 1 日《新青年》第 3 卷第 4 号封面，双色套印，内有多页群益书社广告"装印坚美"

下图　《青年杂志》创刊号启事《敬告青年》，采用的是旧式句读

敬告青年

陈独秀

窃以少年老成，中国称人之语也，年长而勿衰（Keep young while growing old）英美人相勖之辞也，此亦东西民族涉想不同现象趋异之一端欤。青年如初春，如朝日，如百卉之萌动，如利刃之新发于硎，人生最可宝贵之时期也。青年之于社会，犹新鲜活泼细胞之在人身。新陈代谢，陈腐朽败者无时不在天然淘汰之途，与新鲜活泼者以空间及时间之位置及价值。人身遵新陈代谢之道则健康，陈腐朽败之充塞细胞满则人身死；社会遵新陈代谢之道则隆盛，陈腐朽败之分子充塞社会则社会亡。准斯以谈吾国之社会，其隆盛耶？抑将亡耶？非予之所忍言者也。彼陈腐朽败之分子，一听其天然之淘汰，雅不愿以如流之岁月，与之说短道长，希冀其脱胎换骨也。予所欲涕泣陈词者，惟属望于新鲜活泼之青年，有以自觉而奋斗耳。自觉者何？自觉其新鲜活泼之价值与责任，而自视不可卑也。奋斗者何？奋其智能，力排陈腐朽败者以去，视之若仇敌，若洪水猛兽而不可与处，而不为其所同化也。呜呼！吾国之青年，其果能语于此乎？吾见夫青年其年龄，青年也，而其身体，则老者十之五焉；青年其年龄，青年也，而其脑神经者十之九，为其貌其容直其腰其膂其肌，非不俨然青年也，而叩其头脑中所涉想所怀抱，无一不与彼陈腐朽败者为一丘之貉。其貌其容直其腰其膂其肌未尝不新鲜活泼，而其头脑所怀抱，有一不陈腐朽败分子所同化者乎！有之，诚假而畏陈腐朽败分子之势力者也，一丘之貉。惟属望于新鲜活泼之抗争而不敢明目张胆作绝大之奋斗，亦终归于陈腐朽败分子为求些少之新鲜活泼者，以慰吾人窒息之绝望，亦杳不可得循斯以往，非陈腐朽败分子为求些少之新鲜活泼者，以慰吾人窒息之气，无往而非陈腐朽败分子所盘据于

句读"。句读就是文言文的"断句",也称为句逗。如果不懂句读,往往会造成误读、误解原意。古代文言文体系成形之际,无纸张也无印刷术。经典的传承唯有依靠背诵读熟之后的口口相传。古文体系的起承转合主要依靠"之、乎、者、也……"助词体系来完成。

《新青年》自创刊之日便决定要有标点、分段落。要知道,1915 年的中文世界,雕版印刷依然还是主流,铅印、石印都是高新技术,铅印期刊少之又少。1915 年 1 月创刊的《科学》杂志因为"以便插写算术物理化学诸方程公式,非故好新奇",打响了横排期刊的"第一枪"。但是孤掌难鸣,面向大众的书刊依然都是竖排。即使采用铅印的书刊也很少有标点,因为会增加难度和成本。

但自创刊之日起,《新青年》就很努力地革新,编辑和群益书社克服了重重困难,专门与上海太平洋印刷所的湖南浏阳人张秉文合作,不惜投入资金,设法创制了一批标点符号铜字模,刊中应用了三种标点符号,分别是:"○""•"和"⊙"。为什么采用这三种符号?刘半农在第 3 卷第 3 号中进行了阐释:"圈点此本为科场恶习,无采用之必要。然用之适当,可醒眉目,今暂定为三种,精彩用'○',提要用'•',两事相合则用'⊙'。惟滥圈滥点,为悬为厉禁。"读者试着按照这样的诠释,回头再读一遍《敬告青年》,能否与当年文化巨匠们心灵契合?

正是自 1917 年 5 月 1 日第 3 卷 3 号起,那个时代最顶级的文坛"大V"们关于《新青年》要不要改用新式标点,要不要"左行横迤"即改竖行为横排,吵得不可开交。陈独秀、刘半农、钱玄同、胡适、朱我农、陈望道、陈大齐等"大腕"公开在《新青年》上,以发表论文或者互致公开信的方式激烈辩论。历时四年多的时间里,这些"大咖"不惜笔墨,公开发表文章多达 15 次。每一篇文字都有理有据,由古及今,激情与才情齐飞。"真理越辩越明"。最终,在尝试、实践、辩论之后,新式标点符号的应用逐渐明朗,逐步定型。

陈独秀回信

或曰高等書籍寫原文固爲便利然中文直下西文橫迤若一行之中有一二三西文醫如有何日
『十九世紀初年、France有Napoleon其人』
如此一句寫時須將本子直過來橫過去撥到四次之多未免又生一種不便則當以何法濟之曰我
固絕對主張漢文須改用左行橫迤如西文寫法也人目係左右相並而非上下相重試立室中橫視左
右甚爲省力若縱視上下則一仰一俯頗爲費力以此例彼知看橫行較易於值行且右手寫字必自左
至右均無論漢文西文一字筆勢有自右至左者然則漢文右行其法實拙若從西文寫法自左至右
橫迤而出則無一不便我極希望今後新教科書從小學起一律改用橫寫不必專限於算學理化唱歌
教本也既用橫寫則直過來橫過去之病可以免矣此弟對於課音之意見足下以爲何如

錢玄同白五月十五日

僕於漢文改用左行橫迤及高等書籍中人名地名直用原文不取譯音之說極以爲然惟多數國
民不皆能受中等教育而世界知識又急待灌輸通俗書籍雜誌新聞流傳至廣關係匪輕欲廢譯
音勢所不可由教育部審定強行雖是一法而專有名詞日新未已時時續續爲之殊不勝繁瑣鄙
見與其由部頒行一定之譯名不若頒行一定之譯音較爲執簡馭繁一勞永逸也譯音固不易恰
合但由部頒行自趨統一足下所謂離有不合亦不得改以期統一而免紛更是也僕所疑譯音之

適之 獨秀

一九

《新青年》第3卷第3期《通信》栏目中，钱玄同
提出新标点与"左行横迤"的倡议，陈独秀做了
答复

　　1918年《新青年》第6卷第1号起开始实行新版式，明显的改变就是段落起首空格，这成为杂志转型的重要标志之一。分段编排的方法，使文章标题醒目、层次分明，比起一排到底的编排自然优越得多。《新青年》这一版式创新一炮打响，深受读者欢迎，很快被出版界普遍接受。1919年12月1日，《新青年》第7卷第1号扉页整版刊发《本志所用标点符号和行款的说明》（以下简称《说明》），对标点符号的使用作了一个系统解读，可视之为一次"小结"，标点符号进入白话书面语从此基本定型。《说明》全文为：

　　本志从第四卷起，采用新标点符号，并且改良行款，到了现在，将近有两年了。但是以前所用标点符号和行款，不能千篇一律，这是还须改良的。现在从七卷一号起，画一标点符号和行款，说明如左：——

　　（1）标点符号

　　（a）。表句。

　　（b），表顿和读。

　　（c）；表含有几个小读的长读。

　　（d）、表形容词间和名词间的隔离。

　　（e）：表冒下和结上。

　　（f）？表疑问。

　　（g）！表感叹，命令，招呼和希望。

　　（h）「」『』（甲）表引用语句的起讫。（乙）表特别提出的词和句。

　　（i）——（甲）表忽转一个意思。（乙）表夹注的字句，和（ ）相同。（丙）表总结上文。

　　（j）……删节和意思没有完。

　　（k）（ ）表夹注的字句。

　　（l）——在字的右旁。表一切私名，如人名地名等。

（m）——在字的右旁。表书报的名称和一篇文章的题目。

（2）行款

（a）每面分上下两栏，每栏横十七字直二十五字。

（b）凡每段的第一行，必低两格。

（c）凡句读的『。』『？』『！』『，』『；』『：』等符号，必置字下占一格。

（d）凡『。』『？』『！』三个符号的底下，必空一格。

本志今后所用标点符号和行款，都照上面所说办理。请投稿和通信诸君，把大稿和来信也照此办理！

《新青年》第7卷第1号和第2号扉页刊登的《本志所用标点符号和行款的说明》

《新青年》刊登新旧标点及横竖行革新的讨论文章统计表

序号	作者	题目	卷号	备注
1.	刘半农	《我之文学改良观》	第 3 卷第 3 号	
2.	钱玄同	《通信》17页	第 3 卷第 3 号	
3.	陈独秀	《通信》	第 3 卷第 3 号	
4.	钱玄同	《通信》	第 3 卷第 6 号	
5.	陈独秀	《通信》	第 3 卷第 6 号	
6.	钱玄同	《通信·句读符号》	第 4 卷第 2 号	
7.	王敬轩	《文学革命之反响·王敬轩君来信》	第 4 卷第 3 号	
8.	刘半农	《文学革命之反响·复王敬轩君来信》	第 4 卷第 3 号	
9.	朱我农	《通信·革新文学及改良文学》	第 5 卷第 2 号	
10.	胡适	《通信·复革新文学及改良文学》	第 5 卷第 2 号	
11.	钱玄同	《通信·复革新文学及改良文学》	第 5 卷第 2 号	
12.	陈望道	《通信·横行与标点》	第 6 卷第 1 号	
13.	钱玄同	《通信·复横行与标点》	第 6 卷第 1 号	
14.	陈大齐	《通信·复中文改用横行的讨论》	第 6 卷第 6 号	
15.	《新青年》	《本志所用标点符号和行款的说明》	第 7 卷第 1 号	
16.	《新青年》	《本志所用标点符号和行款的说明》	第 7 卷第2号	与上条相同

　　新文化运动中，新标点符号的革新最终成功，然而关于《新青年》竖行改横行的"左行横迤"公案，却是不了了之，谁也没有服谁，直至《新青年》终刊也没有达成共识实现变革，可见变革之不易。

　　中国人彻底抛弃沿用了二千多年的从右至左、竖行书写的习惯，是到新中国成立后。最早完成这一变革的期刊代表是《语文学习》。该刊于 1954 年 1 月开始部分尝试，自 4 月起，全刊改为从左至右的横排。《光明日报》则成为第一份横排的报纸，这个值得纪念的日子是 1955 年的元旦。

二、首开天窗的《共产党》

1920 年 11 月 7 日，一份新杂志在上海创刊，它的刊名是《共产党》。"共产党万岁！""社会主义万岁！"这口号第一次在中国喊出，便是在这份《共产党》月刊创刊号上。刊名毫不含糊，旗帜鲜明，成为中国新闻史上首份以"共产党"命名的刊物，并在中国第一次树起"共产党"旗帜。

《共产党》为 16 开本，李达任主编，陈独秀、李达、施存统、沈雁冰（茅盾）等为该刊的主要撰稿人。这本杂志在全国半秘密半公开发行。说它秘密，因为这份新杂志的编辑部地址保密，杂志上所有文章一律署化名，杂志的印刷、发行者也保密。说它公开，因为这份新杂志的主要目录，公开刊登在《新青年》杂志上，也就使这份新杂志广为人知。这份新杂志还几度以"共产党月刊社"名义在《新青年》杂志上刊登广告。

《共产党》月刊编辑部一直设在李达住所。起初在他所借住的陈独秀寓所，即上海法租界老渔阳里 2 号，后来由于李达更换住所而迁到南成都路辅德里 625 号。该刊物经费一直没有保证，编辑人员也比较少，编辑、印刷、出版都极其不易。为解决经费问题，李达与当时在商务印书馆当编辑的沈雁冰商量，由编辑部成员写稿子卖给商务印书馆，以所得稿酬用于刊物运营的经费。在最困难的时候，李达一个人承担了从写稿、编辑到校对、发行的全部工作。最初的一段时间，由于是秘密刊物，不能够公开发行，所以《共产党》就随《新青年》一起附赠。

由于《共产党》月刊鼓动性强，且颇具号召力，反动势力忌惮反感，视之为眼中钉。为保护作者，该刊上的文章一律署笔名。如李达的笔名是"胡炎"与"江春"，李汉俊的笔名为"汗"和"均"，沈雁冰的笔名是"P生"。即使这么隐晦，月刊的稿件还是随时有被没收的危险。

1921年4月，《共产党》月刊第三期发表了第一篇运用马克思主义理论系统论述中国农民问题与农民革命重要性的文章《告中国的农民》。一开篇就开了个大"天窗"，这在中共的报刊史上是第一次。什么叫"开天窗"？报纸为了抗议某种检查或高压，又要读者知道真相，有意在版面上留下空缺，因形同天窗，因此得名。"开天窗"是报纸抗议新闻检查的一种方式。由于印刷过程受到上海捕房的干扰，这一期第2页，即《告中国的农民》开篇部分被没收，只好用一张白纸代替，其上只印了12个大号铅字"此面被上海法捕房没收去了"，以此告知读者。这份残缺的期刊和不完整的《告中国的农民》一文，正是反动势力没收该刊稿件的有力证明，也表达了刊物对此的强烈不满，是"无声的抗议"。

《共产党》月刊通过各种方式发行到全国各地，成为早期共产主义者学习共产党基础知识的必读教材。从1920年11月7日创刊，到1921年7月党的一大后停刊，《共产党》共出版了6期，其发行量最高达到5 000份。

1920年11月7日《共产党》月刊创刊号，整个刊物
没有出版印刷地址，作者也都是用的笔名

此面被上海法捕房没收去了。

1921年4月《共产党》月刊第三期第2页"开天
窗"："此面被上海法捕房没收去了。"

三、油印博士与《赤光》

《少年》《赤光》两本刊物是旅欧中国少年共产党宣传阵地上的"双璧"。

《少年》是旅欧少共在 1922 年 8 月 1 日创办的机关刊物，共出了 13 期之后于 1923 年底终刊。1924 年 2 月《少年》改名为《赤光》。《赤光》充满战斗性地传播共产主义思想，卓尔不凡，被称为当年法国华人社会中的一枝"带刺的玫瑰"。用《赤光》第一期上周恩来撰写的《赤光的宣言》中的话说，《少年》改《赤光》是"改理论的为实际"。

《少年》创刊不久，在《工余》杂志做编辑、刻印工作的陈独秀的儿子陈延年、陈乔年后来也转到了《少年》杂志社。所谓的杂志社，其实是当时周恩来在法国那个 6 平方米左右的"落脚点"，位于巴黎戈德弗鲁瓦大街 17 号（现改为 15 号），这个狭小的房间同时还是一家油印工作坊。在这里陈延年刻写蜡版，陈乔年油印装订。陈延年、陈乔年兄弟俩把他们在《工余》杂志练就的刻印本领，毫不保留地用到了《少年》身上，使得《少年》杂志不仅文章漂亮，刻印装订也十分出色。旅欧中国少年共产党中央执委会书记赵世炎说："原来我写文章直接在蜡纸上刻写，涂涂抹抹，很不美观。现在，有延年兄加盟，我们的《少年》从小家碧玉一变而为大家闺秀了。"1923 年 3 月，陈延年、陈乔年转赴莫斯科东方大学留学，又把全套本领毫无保留地传授给了接替他们工作的邓希贤和李富春、李大章。邓希贤就是邓小平。陈延年、陈乔年是"大家闺秀"，邓希贤则成了"油印博士"。他在周恩来的直接领导下工作，逐渐成长为

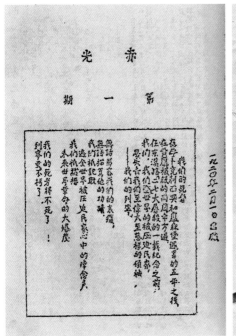

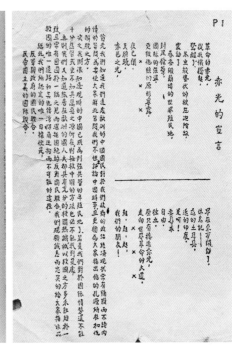

上左　《赤光》杂志1924年2月1日在法国创刊，油印

上右　1920年2月1日《赤光》刊发由周恩来撰写的创刊词《赤光的宣言》，邓小平主要负责刻写蜡版

下图　油印博士：邓希贤（邓小平），柳溥庆拍摄

一名职业革命家。1924年下半年，邓小平成为中国共产党党员，并成为青年团旅欧总支部的领导成员。邓小平认真的工作态度和出色的工作成绩给同志们留下深刻的印象，受到大家的信赖和尊重。

最初，邓小平的工作是负责刻写和印刷。他经常是白天做工，下工后赶到编辑部工作。在那个狭小的房间里，周恩来将写好或修改好的稿件交给邓小平，邓小平再一笔一画地刻写在蜡纸上。那时是这样的情景：周恩来改好一篇稿子，等在一旁的邓小平即刻就刻一版，然后用一台简陋的油印机印刷，再装订起来。这个小屋的灯光经常彻夜不熄。由于邓小平刻写的字黑大肥圆、工整隽秀，印刷清晰，大家对此赞不绝口，都称他为"油印博士"。

一定会有人疑惑不解，巴黎可是当时印刷术最发达的地区之一，为什么我们的杂志不委托给当地印刷厂，采用当时最流行的铅印或者石印呢？主要是因为，西方世界还不曾实践过"天量"汉字的制版技术。即使在法国，对印刷业的管控同样严格。有一段时间，法国当地警察局不准卖给中国人蜡纸，邓小平就利用足球球迷的身份，成功搞定同是球迷的一家文具店老板，买到了蜡纸得以印刷杂志。在离开法国之前，他一直参与这项工作。证据是一份有关他在巴黎地区最后的住所的研究报告，其中显示，1926年1月8日，警察搜查他的房间，发现了油墨、油印工具以及一些用于油印的纸。

"油印博士"这个称号后来广为流传，这也是大家对邓小平这位年轻革命者的肯定和鼓励。邓小平这段编辑出版工作的经历，不仅使他增长了才干，也让他为自己写下了人生履历的重要一页，坚定了他一生的革命追求和道路，为他日后成长为一名伟大的无产阶级革命家奠定了基础。

四、《艺文印刷月刊》颂印刷

1937年1月1日《艺文印刷月刊》创刊号

　　五四运动以来，新式报纸、期刊如雨后春笋般层出不穷，行业性的报刊也逐渐涌现。作为潮流行业的印刷业也不甘落后。1934年《印刷画报》创刊，1935年《中华印刷》杂志出版。1937年全面抗战爆发前夕，上海艺文印刷局老板林鹤钦有感于中国印刷技术落后，职工文化水平不高，决定创办《艺文印刷月刊》，聘刘龙光为编辑，旨在介绍国外的先进技术，交流国内的实践经验，促进中国印刷事业的发展。林鹤钦是美籍华人，毕业于美国卡耐基工学院印刷学系。刘龙光为福建省福州籍，毕业于上海光华大学。中华人民共和国成立后，刘龙光负责《毛泽东选集》的出版工作，历任人民出版社特约编审、《简明不列颠百科全书》特约编审、中国印刷技术协会第一届理事会理事等职。

　　《艺文印刷月刊》自1937年1月创刊至1940年7月停刊，中间暂停过一年多，前后出版3卷，共25期，是旧中国出版期最长的一份印刷专业杂志。《艺文印刷月刊》始终号召全国印刷同人为振兴中国印刷业而奋斗。对于中国发明的印刷术受到西式印刷术的冲击，在 1937 年第 1 卷第 2 期《中国印刷术的沿革（下）》中，主编直陈："何谓新式印刷，就是'机械印刷'的别名；而所谓旧式印刷，也就是'人工印刷'的别名。人工和机械竞争的结果，前者往往会归于自然淘汰，这是一个不可避免的事实。"

《艺文印刷月刊》第 1 卷第 8 期《中国印刷界应有之使命》中不仅阐明了印刷技术对于国家民族的重要意义，还呼吁印刷界担当使命，文中说："中国的印刷术在现代只可说是苞胎初期，幼稚得不可说。1931 年统计世界 7 大出版书籍的数字，计苏俄是 39 000 种，德国是 24 000 种，日本是 23 000 种，英国是 14 600 种……7 大出版国就是 7 大强国。印刷术是民族活动的记载，是代表民族智力的表现。我先为世界之冠，今反为世界之殿，我们深感觉能力薄弱……我国在国际没有立足点，固是全民族的一件很可耻的事，也是印刷术不努力应负之咎，今既感觉着很重要，我们便应该起来，共同地肩负这伟大的使命，为自己的民族提高文化水准，同时并增进我们在国际上的地位，这就是印刷界当前应负的责任。"文中"7 大出版国就是 7 大强国"，也就是"出版强则国强"的观点，在今天仍然很有借鉴意义。

为了表达中国人民对印刷术的特殊感情，1939 年《艺文印刷月刊》第 2 卷第 1 期和第 2 期，连续两期刊登了两篇《印刷颂》，分享给读者：

印刷颂（一）

周福荪

冲！冲！冲！

吾们是时代的急先锋！

负起介绍文化底重任，

吾们应该向前冲！

冲！冲！冲！

冲过了崎岖底山峰！

一直向那光明大道前进！

冲！冲！冲！

我们负起了时代的警钟！

唤起了许多迷朦的民众！

大家联合起来向前冲！

冲！冲！冲！

冲过了几千年的暮气！

立定了永不破的基础！

吾们是时代的急先锋！

——1939 年 7 月 1 日《艺文印刷月刊》第 2 卷第 1 期

印刷颂（二）

包芳赓

前进！前进！前进！

我们不怕任何障碍、阻力，

我们要踏过失败者的足迹，

我们要跋涉千山万水的途径，

我们要打破一切疑难，向前挺进！

前进！前进！前进！

我们也不必迟疑踌躇不定，

我们坚定自己的毅力、决心，

我们接受了他们的热诚，不辜负他们，

我们向文明的印刷大道迈进！

——1939 年 8 月 1 日《艺文印刷月刊》第 2 卷第 2 期

五、《解放》周刊的勘误启事

1937 年 4 月 24 日，《解放》周刊在
延安兰家坪正式创刊。它是红军长征到
达陕北之后，全面抗战爆发之前，中国
共产党中央委员会唯一的机关刊物，也
是 1937—1941 年中国共产党最为权威的
政治理论杂志。《解放》周刊始终高举抗
日的旗帜，始终站在民族解放斗争的最
前沿，起到了党和人民喉舌的作用。

《解放》周刊自创刊后所经历的印刷
物资短缺、技术难关可以说非常具有典
型性，这从其刊载的勘误表就可见一斑。
《解放》周刊创办之初，印刷材料和设备
十分欠缺。创刊号其实在 1937 年 3 月份
就已经基本排版完成，但由于没有铸字
设备，缺字太多，就一直在等待补给。
后来通过地下党，用棺材装着铅字和铸
字印刷设备运送到延安。所以，差不多
在拖了一个月后的 4 月 24 日，才正式出

1937年4月24日《解放》创刊号封面

版了第一份铅印的周刊。《解放》周刊1—16期的封面，共有8种版样，都是由廖承志设计，木刻红黑双色套色印刷的。从第17期开始，改由毛泽东题刊名，仍为木刻版。《解放》周刊的印数开始在3 000—5 000册之间，后来可以打纸型浇版了，印数就增加了一些。

由于字模、铅字的匮乏，正文缺字很多。那些在同一个版面重复率很高的常用字铅活字的生产跟不上，供不应求。创刊号就反映出这种艰难窘迫。以常用字"着"为例，在丁玲的《一颗没有出膛的枪弹》一文中，用"x"代替"着"字近100处，并附有油印的勘误表一页，错误11处。封底专门刊登了启事："迳启者本刊出版伊始，一切准备未周，印刷及内容方面，简陋之处在所难免，敢希读者诸君见谅！"

到1937年第3期至第5期，封底启事还是为印刷出版中出现的问题致歉："迳启者：本刊因印刷方面，尚未整理就绪，错字在所不免，且未能按期出版，殊深歉仄。今后当力求改善，以谢读者诸君之雅意！""本刊欢迎读者诸君批判，如对内容排版及印刷方面有所指教，无任欢迎！"

除了创刊号上特殊的油印勘误启事之外，第14期和第15期都采用了铅印勘误表。1937年8月16日出版的第14期中的错误最多，达到55处。所以编辑部在启事中致歉："本期因技术原因，校阅未周，致错字相当不少。尚希读者诸君见谅。下期当力图改善，谨致歉意。"到第15期，果然减少了，但仍然还有22处错误。为什么在铅印中，排字错误在所难免呢？除了人工可能出现的客观疏漏之外，最主要的原因还有两个：一是《解放》周刊正文用新五号字，也就是小五号活字，特别小，有些相似的字如"便""使"很容易看错。二是因为活字的字面是反字阳文，也就是说排字工人拣字的时候是看反字，所以很容易出错。

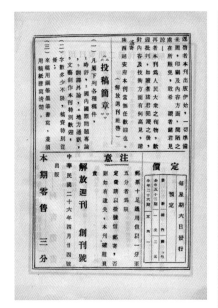

上左　《解放》创刊号封底申明致歉

上右　《解放》创刊号铅印的丁玲的《一颗没有出膛的枪弹》一文中，用"x"代替"着"字近100处

下图　《解放》创刊号中的勘误表由于在出版计划之外，因此仓促间采用了油印的方式，校正错误11处

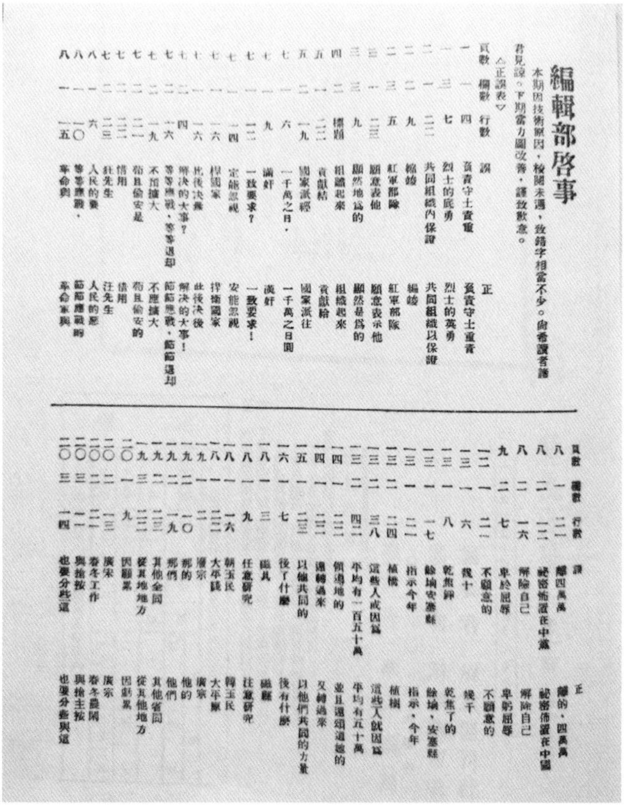

編輯部啓事

本期因技術原因，校閱未遇，致錯字相當不少。尚希讀者諸君見諒。下期當力圖改善，謹致歉意。

△正誤表▽

頁數	欄數	行數	誤	正
一	一	四	負責守士責重	負責守土重責
一	三	七	烈士的底勇	烈士的英勇
二	一	二二	共同組織內保證	共同組織以保證
二	二	九	棉蛉	編蛉
二	三	五	紅軍部除	紅軍部隊
三	一	二三	願意表他	願意表示他
三	三	九	顯然地為的	顯然是為的
四	二	標題	組識起來	組織起來
五	一	二二	貢獻結	貢獻給
五	二	一九	國家派經	國家派往
七	一	六	一千萬之日·	一千萬之日間
七	一	九	滿奸	漢奸
七	一	一二	一致要求？	一致要求！
七	一	一四	定能忽視	安能忽視
七	一	一六	桿國家	捍衛國家
七	一	一六	比後決幾	此後決後
七	二	四	解決的大事？	解決的大事！
七	二	一六	等等應戰·等等退却	節節應戰·節節退却
七	二	一九	不加擴大	不應擴大
七	二	二一	苟且偷安是	苟且偷安的
七	二	二二	情用	借用
七	二	二三	狂先生	汪先生
八	一	六	人民的象	人民的思
八	一	一〇	等等應戰·	節節應戰的
八	一	一五	事命與	革命家與

頁數	欄數	行數	誤	正
八	一	二一	離四萬萬	離的，四萬萬
八	二	一二	祕密佈置在中黨	祕密佈置在中國
八	二	一六	解除自己	解除自己
九	二	七	卑於屈辱	卑躬屈辱
一二	一	二一	不願意的	不願意的
一三	一	六	幾十	幾千
一三	一	八	乾焦評	乾焦了的
一三	一	一七	餘埔安塞縣	餘埔，安塞縣
一三	一	二一	指示今年	指示，今年
一三	二	二四	植標	植樹
一三	二	三八	這些人武因為	這些人就因為
一三	二	四一	平均有一百五十萬	平均有五十萬
一四	一	二一	領導地的	並且還領導她的
一四	一	二一	還轉過來	又轉過來
一五	一	二三	以倫共同的	以他們共同的力量
一六	一	七	後了什麼	後有什麼
一八	一	三	臨具	磁縣
一八	一	九	任意研究	注意研究
一八	一	一六	朝玉民	韓玉民
一八	一	二二	大平議	大平原
一九	一	二	廣宗	廣宗
一九	二	一〇	那的	他的
一九	二	一九	那們	他們
一九	二	二三	其他全同	其他省同
一九	三	二二	從其地地方	從其他地方
二〇	一	九	因顧累	因劇累
二〇	二	一三	廣宋	廣宗
二〇	二	二一	春冬工作	春冬農閑
二〇	三	二一	與搶按	與搶主按
二〇	三	一四	也要分此這	也要分些與這

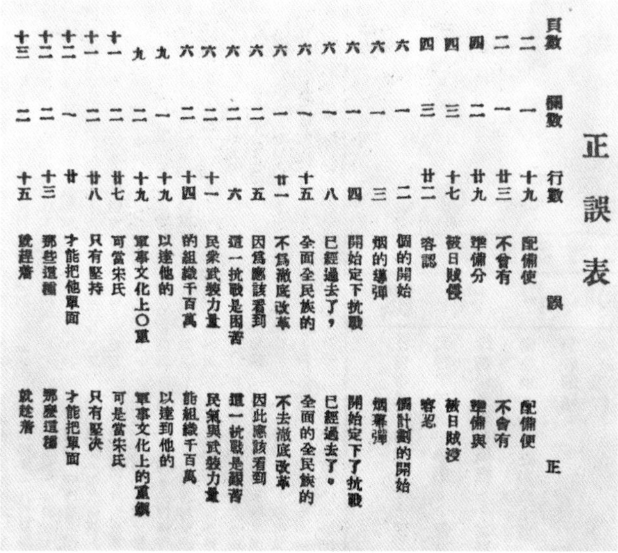

正誤表

頁數	欄數	行數	誤	正
二	一	十九	配備使	配備便
二	一	廿三	不會有	不會有
四	二	廿九	準備分	準備與
四	三	十七	被日賊侵	被日賊浸
四	三	廿二	容認	容忍
六	一	二	個的開始	個計劃的開始
六	一	三	烟的導彈	烟幕彈
六	一	四	開始定下抗戰	開始定下了抗戰
六	一	八	已經過去了，	已經過去了。
六	一	十五	全面全民族的	全面的全民族的
六	一	廿一	不為澈底改革	不去澈底改革
六	二	五	因為應該看到	因此應該看到
六	二	六	這一抗戰是困苦	這一抗戰是艱苦
六	二	十一	民衆武裝力量	民氣與武裝力量
六	二	十四	的組織千百萬	能組織千百萬
九	一	十九	以達他的	以達到他的
九	二	十九	軍事文化上〇黨	軍事文化上的黨領
十一	二	廿七	可當宋氏	可是當宋氏
十一	二	廿八	只有堅持	只有堅決
十二	一	廿	才能把他軍面	才能把軍面
十二	二	十三	那些這種	那麼這種
十三	二	十五	就趕着	就趁着

上图　《解放》第14期编辑部启事，校正错误55处

下图　《解放》第15期正误表，校正错误22处

六、《文萃》扛笔枪

1945 年 10 月 9 日，《文萃》周刊在上海创刊。《文萃》初为文摘性刊物，以转载重庆、成都等地进步报刊的文章为主，旨在沟通大后方与收复区的民主舆论，将内地民主运动扩展至收复区。1946 年 6 月起逐步改为时事政治性刊物，以适应新的斗争需要，揭露国民党当局发动内战、镇压民主运动的真相，反映人民群众要求和平民主的呼声。

周刊一开始由上海国光印书局铅印。在众多期刊中，《文萃》周刊显得朴素而单薄，是典型的简朴期刊的代表之一。周刊每期二十几页不等，其页码计数都是从封面算到封底的，十分少见。因为内容的政治性，《文萃》早就被国民党当局视为眼中钉。1946 年 5 月底，特务们就着手对《文萃》周刊进行破坏，不仅任意检扣，还由警察局出面，不允许国光印书局再承印《文萃》周刊，出版社只能临时另找厂商承印。形势所迫，从

1947年2月6日《文萃》周刊

刊物的第 35 期（1946 年 6 月 13 日刊）起，
周刊就不再在版权页上注明印刷单位。同
时，为避免国民党当局探知情况，还不时更
换印刷所。但形势一天天恶化，以致全上
海市的印刷厂都接到国民党上海警备司令部
的命令，不许承印《文萃》周刊。正当大家
一筹莫展的时候，有着丰富斗争经验的骆何
民（1914—1948，江苏扬州人）主动承担了
筹建印刷厂的任务。为什么说他斗争经验丰
富？骆何民当年才 34 岁，已经 6 次蹲过国
民党当局的监狱，受过种种酷刑，但无论敌
人怎样折磨他，都无法摧毁他的革命意志。
在他的努力下，地下印刷厂果然很快就办起
来了，印刷厂名起为友益印刷厂，不仅印刷
《文萃》周刊，还印刷党的文件和其他宣传品。

　　为了降低成本，迷惑敌人，1947 年 3
月起周刊幅面减小，由 16 开杂志形式改为
32 开，改为《文萃丛刊》，封面上重起刊号，
每期以一篇文章的篇名作书名，但内页的页
眉上依然延续《文萃》原编号。第 1 期书名
为《论喝倒彩》，第 2 期为《台湾真相》，第
3 期为《人权之歌》，第 4 期为《新畜生颂》，
第 5 期为《五月的随想》，第 6 期为《论纸
老虎》，第 7 期为《烽火东北》，第 8 期为《臧
大咬子伸冤记》，第 9 期为《论世界矛盾》（还

1947年4月20日出版的《文萃》周刊，
改头换面，"隐姓埋名"，封面题为
《人权之歌》第3期，内页中每页的
页眉都延续《文萃》刊号"第二年第
二十五期"

上图　自1947年4月12日起，《文萃丛刊》封面不再出现刊物的刊名及社名，以这个肩扛笔枪的战士作为杂志及杂志社的标志

下图　第8期和第9期左上方又新增了一个标志，标志是一只手握着像刺刀一样的钢笔

印有一种封面为《孙哲生传》）。当时友益印刷厂的同人们想出了一些很巧妙的自我保护方法，例如版权页上假说社址在香港坚道20号，并且将社名称为"文丛出版社""华萃出版社"。自1947年4月12日起，《文萃丛刊》封面不再出现刊物的刊名及社名，只用一个肩扛笔枪的战士作为杂志及杂志社的标志。这个不到一寸大的标识，是由当时著名的漫画家米谷所绘，图案是一个人，肩上像扛枪一样扛着一支笔。自第3期起直到被查封，连续7期的封面上都保留着那个肩扛笔枪的标识。第8期和第9期，那个"铁肩扛笔枪"的小人儿移到了封面的右下方，左上方又新增了一个标志，标志是一只手握着像刺刀一样的钢笔。

　　黎明前的中国格外黑暗。使用了各种"伪装"和隐蔽方法的《文萃》战士们依然没能躲过血雨腥风。1947年7月21日，位于上海沪西区长寿路的地下印刷厂被特务包围。他们通过线索逮捕了印刷厂厂长骆何民，一同被捕的还有好几位同志。同志们虽然几乎每天都被严刑拷打，但却始终坚贞不屈，用生命保守党的秘密，保护同志们的安全，敌人从他们身上没有得到任何新线索。1948年12月27日，骆何民、陈子涛（1920—1948，广西玉林人）同时在南京雨花台慷慨就义；吴承德（1920—1949，江苏苏州人）被押往宁波，不久壮烈牺牲。他们三人被称为"文萃三烈士"。他们用自己的鲜血和生命，捍卫了新闻印刷战线的荣光！烈士们永垂不朽！

七、香港有利印《群众》

在党的历史上，有一本党刊诞生于抗日战争的背景下，在国共第二次合作的基础上，与抗日战争和解放战争相始终，是伟大胜利的见证者、参与者、推动者,这份刊物就是中国共产党在国统区唯一公开发行的党刊——《群众》周刊。它的名字非常普通，但它的身份却十分特殊。

1937 年 7 月 7 日，卢沟桥事变爆发，中国人民的局部抗战转化为全民族抗战。7 月 17 日，周恩来等到庐山，代表中共中央同国民党蒋介石等谈判国共两党合作的各项问题。在国民党统治区公开印刷出版报刊，也是这次谈判内容之一。8 月中下旬，周恩来在南京同国民党中央宣传部部长邵力子商定中共在国统区创办报刊，随后，共产党的"一报一刊"即《新华日报》和《群众》周刊得到批准。

最初《群众》周刊是在南京开始筹办的，但由于日军进攻南京，最后到武汉才得以真正出版发行。1937 年 12 月 11 日,编辑、印刷、发行工作筹备就绪,《群众》周刊创刊号在武汉出版。刊头"群众"两字采用魏碑体,选自北朝石刻《造像题记》,合并制版而成。创刊号封一刊头旁注明地址:汉口成忠路 53 号;发行所:《群众》周刊社, 汉口交通路 31 号；总经售：读书生活出版社；印刷所：新昌印书馆。1938 年 10 月下旬，武汉沦陷以后，《群众》周刊和《新华日报》转移到重庆出版。1945 年 9 月又转移至上海。1947 年，在决定中国命运的转折关头，为了冲破国民党当局新闻管制下的信息封锁，摆脱宣传战的被动局面，中

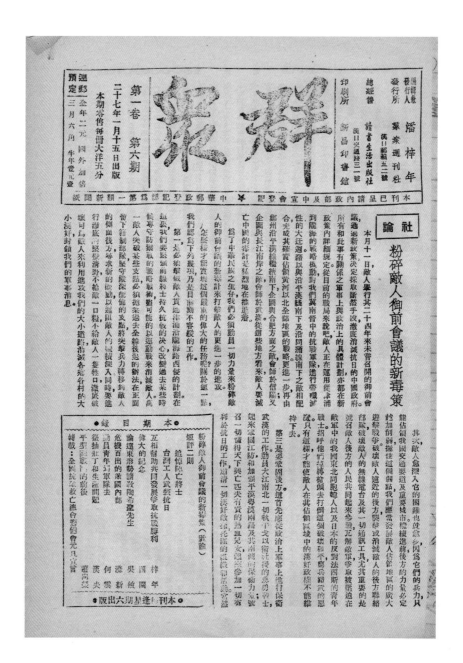

1938年1月15日《群众》周刊，读书生活出版社出版，
新昌印书馆印刷

各时期的《群众》期刊

国共产党毅然在香港创办发行《群众》周刊。1947年1月30日,香港版《群众》创刊号出版，继续为党和人民鼓与呼。

香港由于其特殊的地理位置和政治环境，国难时成为中国共产党向广大港澳同胞、海外侨胞进行宣传的桥头堡。《群众》在香港印刷发行的时间虽然只有两年多，但留下一段段佳话。1941年9—10月间，受中国共产党委托，香港华比银行华人买办邓文田投资4万元，在铜锣湾买下一间小印刷厂，起名为有利印务有限公司，就是寓意有理、有利、有节地开展宣传斗争。邓文田是廖承志的表兄，他的弟弟邓文钊此后一直参与负责香港《华商报》、有利印务有限公司以及新民主出版社。邓文钊同时又是何香凝的侄女婿，毕业于英国剑桥大学，有经济学硕士学位。他那早年的民族主义思想后来在廖承志的帮助下，不断得到升华。他逐步认识到，要救国救民于水火只有寄希望于中国共产党。于是，他不顾风险，毅然接受中共委托，把任职的华北银行和经营的崇德堂，作为八路军驻港办事处的通迅处和接受华侨抗日捐献的联络站，对祖国的抗日救亡事业做出了重大的贡献。此后,有利印务有限公司陆续承担了《光明报》《华商报》

《正报》《群众》周刊等红色书报刊的印刷工作。后来，有利印务有限公司还协助回港印务人员，筹建了大千印刷厂和香港印刷生产合作社，组织"港九印务职业工会"。为了提高印刷工人的政治和业务素质，有利印务有限公司还邀请郭沫若、胡绳、林默涵、廖沫沙等给职工讲授哲学、文学和政治形势。

香港版《群众》周刊的刊头"群众"二字字体是由鲁迅手迹中选出的两个字拼成的。"群众"红色字体下方为黑色的英文印刷体"CHUIN CHUNG WEEKLY"。《群众》周刊是 16 开的大刊，篇幅 22 页左右。每期栏目和内容包括社论、短评、专论、各地通信、境外通信、读者来信、群众中来、漫画等。封底印有价目表、编辑出版者、地址等。除中国内地和中国香港外，发行的国家有：英国、马来亚、澳大利亚、缅甸、菲律宾、越南、法国、美国。当时面临的最困难问题是如何把《群众》周刊运送到内地，特别是运到上海。因为国民党当局的查禁，一旦被发现查处，运送人员有生命危险。《群众》编委想出的巧妙办法是伪装，不用《群众》的封面，每期都换不一样的封面，而且用薄纸，使刊物尽可能地薄，可以折叠起来，用信封寄到内地。第二种方法是将香港新民主出版社发行的《经济导报》的纸型（有关纸型的详细介绍请看第七章）夹带《群众》周刊的纸型，经过航空寄运到上海。由于新民主出版社和有利印务公司同属一个老板（邓文田、邓文钊兄弟），《群众》周刊又换了书名，也不标注出版发行者和承印者名字，这样《经济导报》与《群众》周刊的纸型可以很自然地混在一起。等纸型寄到上海之后，再经过浇版、印刷、装订，《群众》香港版就能在上海秘密发行了。

1949 年 10 月 20 日，《群众》周刊在香港出版最后一期，完成了它在新民主主义革命时期的历史使命。中华人民共和国成立后，中共江苏省委的机关刊物沿用了《群众》的刊名，一直出版至今。

第三章

红色报纸印刷

两千年前中国就出现了邸报。敦煌出土的唐代新闻报纸《进奏院状》更是保存至今。一千年前的宋代，不仅出现了印刷的官报、朝报，还出现了民间小报。现代意义的报纸初期多叫新闻纸，它是伴随着印刷工业革命出现的。众所周知，德国人谷登堡的机械印刷术发明自1450年，但发明之后四百年都没有吸引到中国人的目光。马克思说印刷术是新教的工具。19世纪初，西方传教士们把作为"新教的工具"的机械印刷术推广到中国进行传教，但他们的目的并没能实现。因为正像意大利传教士利玛窦所说的：中国文字最适合雕版印刷，中国人用雕版印刷既经济又方便，能满足所有的出版需求。直到现代报纸的出现才打破了印刷业的格局，报纸成为中国人规模引进并应用铅活字机械印刷术的重要动力。其中动因主要包括三个方面：一是因为报纸几乎是"一次性阅读"的印刷品，没有翻印存版的需要；二是报纸的印量通常很大，传统的雕版印刷等方式耐印力有限；三是报纸注重时效性，对出版速度要求很高，只有机械印刷才能达到快速出报的要求。因此，19世纪末期，铅印报纸在中国开始逐步流行。几乎"成也报纸败也报纸"，巧合的是：铅印技术20世纪80年代在中国逐渐被淘汰，当下，报纸的新闻性面临新媒体的挑战，报纸阅读也正在被网络阅读排挤，报纸印量正在逐渐减少。

　　共产主义运动的伟大导师马克思认为：印刷术改变了整个世界。在中国共产党领导全国人民浴血奋战的历程中，报纸始终是党的"喉舌"，是旗帜鲜明的"红色媒体"，发挥了"宣传抗战聚民心，一张报纸十万兵"的特殊作用。毛泽东指出："报纸的作用和力量，就在它能使党的纲领路线，方针政策，工作任务和工作方法，最迅速最广泛地同群众见面。"1939年5月17日，中共中央颁布的《中共中央关于宣

传教育工作的指示》中，特别指示："从中央局起一直到省委、区党委，以至比较带有独立性的地委、中心县委，均应出版地方报纸。党委与宣传部均应以编辑、出版、发行地方报纸为自己的中心任务。"党中央对报纸的重视还体现在对印报从业人员的关心和优待方面，比如1942年12月10日，《中宣部对各地出版报纸刊物的指示》中专门指出："对于报纸工作人员之物质待遇应较优厚，注意其保健工作。"

尽管最适合报纸的印刷方式是铅印，但革命时期共产党的印刷条件有限，红色报纸的印刷方式仍然五花八门，包括油印、石印、铅印，而且很难说以哪种印刷工艺为主。在各类红色印刷品中，报纸可谓印刷版次最多、流传最广、需求量最大。

1938年，战壕里的炭报小组，沙飞摄，《中国红色摄影史录》，顾棣编著，山西人民出版社，2009年。

战场

⑤

长江政治部出版

炮兵同志大逞神威
二营攻占碉堡两座

☆炊事员好的榜样☆
■剧月子带伤送饭■

要好好的检讨

欢迎前线慰劳团

杨占吉和他的班
（连环画）——张小璋

左页　1946 年 8 月 26 日油印报《战场》

本页　工人们正在铅印《泰山时报》。《山东抗日根据地图志》，山东省地方史志办公室编，山东人民出版社，2015 年

一、《向导》印刷之坎坷

20世纪初，以报纸、期刊为代表的大众传播媒介在中国如日方升之际，报纸和期刊的边界是比较模糊的。甚至在早期，报纸并非单张纸的形态，而是与期刊一样，是薄册的外形。总的来说，报纸更注重时事新闻，并且更重视时效。

1922年7月，在上海召开的中共二大曾讨论党报问题。8月，中共中央在西湖会议上决定创办一份权威性的刊物，广泛宣传党的反帝反封建的民主革命纲领。9月13日，第一份公开发行的中共中央机关报《向导》在沪问世，16开版面，刊头下标明为"周报"。"向导"这两个字，用的是当时的著名言情小说家徐枕亚的题字。徐枕亚是旧中国（清朝）最后一个状元刘春霖的女婿，字写得相当好。《向导》由蔡和森担任主编，参与编辑和撰稿的先后有陈独秀、李大钊、瞿秋白、高君宇、彭述之等，毛泽东、周恩来、李立三等也写过文章。创刊号上刊登的《本报宣言》中说："现在最大多数中国人民所要的是什么？我们敢说是要统一与和平。""为了要和平要统一而推倒为和平统一障碍的军阀，乃是中国最大多数人的真正民意。近代民主政治，若不建设在最大多数人的真正民意之上，是没有不崩坏的。"因此，"我们中华民族为被压迫的民族自卫计，势不得不起来反抗国际帝国主义的侵略，努力把中国造成一个完全的真正独立的国家"。该报先后在上海、北京、广州、武汉等地编印发行，在中国内地许多大中城市及香港、巴黎、东京等地设有30多个分销处。发行量由开始的3 000份很快便激增至4万份，最高时达10万份。

最早在上海时的《向导》周报由光明印刷
厂印刷。之所以选择这家印刷厂，一是因为其
位于上海的公共租界梅白格路（今新昌路），不
受北洋政府和后来的国民政府管辖，相对安全。
二是早期负责印刷事务的徐梅坤（1893—1997）
在此做排字工人。徐梅坤是最早的工人党员之
一，他于1922年就加入了中国共产党。他每天
半日做工，半日做党的工作，公开身份是印刷
厂工人。蔡和森等人同意给印刷厂老板多付一
些印刷费，所以在徐梅坤的巧妙安排下，老板
答应合作。至于印刷什么内容的宣传品，老板
从不过问。蔡和森、徐梅坤等人也就不必担心
他会向租界当局告密。当时蔡和森和向警予住
在毛泽东杨开慧夫妇楼上，徐梅坤的任务之一
就是去取稿子。徐梅坤和几个主要骨干承担具
体的排印工作，其他非党人士负责印刷工作。
据徐梅坤晚年的回忆，每期排印好的《向导》，
都存放在厂里他睡觉的一间小屋子里，那样不
会引起外人的注意。

1922年10月，即便变换了各种伪装手段，《向
导》还是在出版了7期后被查封。编辑出版以
及联络部门被迫迁往北京，蔡和森找到罗章龙，
以他的名义在北京邮局办理了相关的出版发行
手续。当时，为了方便刊物在北方一带的发行，
编辑部决定在上海先排成版样，即先用薄纸印

上图　1922年9月13日《向导》周
报创刊号

下图　《向导》周报63期，1924年4
月30日出版

两份，快信寄到北京，在北京寻找印刷厂按照版式重新制版。1925年2月，时任中共北方地区负责人李大钊，召集部分党员商讨建立印刷厂的事情。李大钊对与会同志讲："我们要建立一个印刷厂，主要的是印《向导》，你们把这工作做得好点快些。"经过努力，专门负责印刷党报的印刷厂在北京广安口外大街广安西里建立，对外称为昌华印刷厂。之所以起名为"昌华"，是因为负责人是陈昌华。不过昌华是他的化名，他本名叫楚梗，请记住这个在百度上都搜索不到的名字。这家印刷厂日后也成为《向导》周报在北京主要的印刷地点，除了印《向导》周报，还负责刊印《政治生活》以及一些传单等。为了安全起见，《向导》上公开的地址仍假记为广州。为了掩护，印刷厂主动承印了一些市民的印务，半年之后，还是引起了敌人注意，只好转移了厂址。

1926年，党组织派陈楚梗从北京到天津，继续负责《向导》的印刷工作。11月23日，军阀以"宣传赤化，阴谋暴动"的罪名，将陈楚梗等15人逮捕入狱。1927年4月18日，这15位坚贞不屈的革命志士被残酷杀害。而关于陈楚梗的资料在史料中少之又少，几近湮灭。正是因为从事危险的宣传革命工作的需要，他们总是隐姓化名。陈楚梗在天津被捕至牺牲，敌人只知道他叫马自芳，这是他的另一个化名。人们不应该忘记他，从事新闻印刷历史研究的工作者更有义务将他们的姓名记录，将他们的功绩彰显。后来，《向导》在上海的印刷业务转向了规模较大的明星印刷厂。这家印刷厂在公共租界梅白格路，老板叫徐上珍，上海人，党外人士，比徐梅坤小几岁，两人关系很好。徐上珍是华丰字模厂，也就是后来的上海字模一厂的创始人之一。为了安全存放这些报刊，徐梅坤等人专门在明星印刷厂对面的三德里租了一间房子，存放《向导》等报刊。明星印刷厂除印刷《向导》外，还排印了《中国青年》《解放》周报等进步报刊。直到1932年，明星印刷厂也因为印刷革命报刊被工部局查封，老板徐上珍因此被判处三年有期徒刑。

二、"你排我印他装"《红色中华》

1931 年 11 月,中华苏维埃共和国临时中央政府在江西瑞金宣告成立。随即,1931 年 12 月 11 日,中央政府机关报《红色中华》创刊,这是中国共产党办的第一份中央报纸,也是中央革命根据地办的第一份铅印大报。

《红色中华》最初由中央印刷厂印刷。当时在瑞金的中央印刷厂下设编辑、铅印、石印、铸字(又称浇字部)、刻字、裁纸装订、油墨等 8 个部门,各部工作人员数量不等。其中人数最多的是铅印部和石印部,各有 20 多人。除了四五个上海人外,其余都是江西、福建人。铅印部原来有两台老式四开印刷机,后来从福建长汀的毛铭新印刷所调来两台,又从福建龙岩洋口买来了 1 部圆盘机,这样总共就有 5 部铅印机。

当时国民党当局对苏区经济封锁非常严厉,印刷厂缺少各种原材料。虽然中央印刷厂有铸字设备,但时常缺少铜字模和铅块,所以经常性地出现缺字的现象。有时候是相同规格的常用字在同一版面多次出现,重复字不足,有时是不同字体和字号的铅字没有。因此常常是繁、简、大、小字体混用。在《红色中华》第 101 期至 125 期中,有 11 处用 4 个或 2 个小号字拼成一个大字的特殊现象,分别是 102、106、110、113、114、116、125 期各 1 处,112、118 期各 2 处。

1934 年 10 月,中共中央机关和中央红军撤出中央苏区开始了长征。此时,留守在江西苏区的瞿秋白一边治疗肺病,一边继续出版《红色中华》,据不完全统计,至少出有 24 期。1935 年 1 月 21 日出版到 264 期时被迫停刊。红军到

1932年9月27日《红色中华》报，第8版刊有《中央图书馆启事》

1938 年 10 月 10 日《新中华报》发表中央印刷厂以平创作的诗歌《我们》："我排，／你印，／他装，我们是后方的一支部队，／我们谁也少不了谁。／／我从上海来，／你从江西来，／他生长在陕北……我们不打架也不吵嘴；／像最亲爱的兄弟姊妹。／／工作，／学习，／游戏，／生活紧紧地把我们结合在一起，／再溶化得像钢铁样的结实。"

达陕北后,《红色中华》继续印刷出版。

西安事变后,为适应建立抗日民族统一战线的新形势,1937 年 1 月 29 日,《红色中华》改名为《新中华报》。这一时期的《新中华报》由于条件所限采用油印方式,从 1937 年 9 月 9 日第 390 期起改为铅印。1939 年 2 月 7 日起由 5 日刊改为 3 日刊。这一时期,该报宣传党的抗日民族统一战线政策,揭露国民党顽固派的投降反共阴谋,介绍陕甘宁边区抗日救亡运动和经济、文化事业发展的状况。

在延安时期,中央印刷厂的物资仍然短缺,油墨靠自制,纸张也要自造。以至于 1940 年 6 月 18 日,读者张子春致信《新中华报》编辑部,对报纸的印刷质量等问题提出批评意见。信中说:"印刷更求精良。因土纸黑而且薄,容易模糊,况油墨之调制有时过浓,则字迹不清;有时稍淡,则不易显著。望转请印厂及工友同志注意。在我物质困难条件之下,尽量按照纸张配置油墨。造纸方面,亦请在质量上多加注意改良,不然会令人手执报而兴叹!"这封来信引起了领导们的高度重视。此后,中印厂不断努力革新技术,这次来信事件还被载入了中央印刷厂的大事记里。

1941 年 5 月 16 日,《新中华报》与《今日新闻》合并为《解放日报》。可以说,《红色中华》《新中华报》《解放日报》一脉相承,它们分别在土地革命、抗日战争、解放战争三个历史时期发挥了威力无穷的宣传战斗力。

三、延安《解放日报》的编辑印刷

马克思将报刊看作是"能够以同等的武器同自己的敌人作斗争的第一个阵地"。中国共产党历来十分重视党报党刊工作，毛泽东指出要"把报纸看作自己极重要武器"，还多次要求各级党的领导机关要"利用报纸做为自己组织和领导工作的极为重要的工具"。中共中央决定自 1941 年 5 月 16 日起在延安的清凉山创刊《解放日报》，并在发刊词中阐明了其使命："本报之使命为何？团结全国人民战胜日本帝国主义一语足以尽之。这是中国共产党的总路线，也就是本报的使命。在目前的国际国内形势下，这一使命是更加严重了。"从此，这份中央机关报纸通过一篇篇战斗的檄文，让党中央的声音、革命大本营的号令，从清凉山传播到全中国、全世界，为中国共产党领导各族人民取得革命胜利做出了巨大贡献。

哈里森·福尔曼（Harrison Forman，1904—1978）是美国探险家、飞行员、摄影师、记者和作家。1932 年他来到西藏高原探险，并于 1936 年出版《穿越禁地西藏》一书，名声大噪。此后，他作为美国《纽约时报》以及《国家地理》杂志的通信员，多次来到中国。1943 年 5 月，福尔曼联合重庆的外国记者成立了"驻华外国记者协会"。1943 年 11 月他向国民党当局提出前往延安采访的要求，其他各国记者纷纷响应。毛泽东、周恩来、朱德高度重视并促成了此次采访活动。在 1944 年的西北之行中，哈里森·福尔曼拍摄了大量的照片。这些珍贵的照片有风景，也有战士、工人、农民、领导人的肖像，还有 11 幅照片是中央印刷厂印制《解放日报》的过程，记录了当年热火朝天的新闻战线的真实场景。

（一）**抄收电讯**

《解放日报》的新闻稿件除了记者采访之外，主要来自电讯。而这部分的工作新华社和报社两家单位都有负责。最初都由新华社通讯科负责，后来新华社通讯科并入解放日报社，成为采访通讯部。但外国新闻电讯仍然由新华社负责。

采通部的工作人员正在抄收新闻

（二）**制作字模**

铸字是铅印技术里面一个非常重要的工序。除了临时性的刻字外，一个个铅活字都是通过已有的铜字模用铸字机浇铸出来的。而铅活字的耐力是有限的，如果直接用活字版印刷，一副铅活字的字面很快就会遭到磨损，印刷质量下降，需要重新化铅，再铸字。

中央印刷厂工人正戴着口罩加工字模

（三）**雕刻图版**

刻图版与刻活字都隶属于刻字部。刻字部紧靠弥勒佛洞的右侧。"踏上三两步台阶，贴着石崖，有一段天然形成的凹进去的地方，似洞非洞，不高不矮，面积只有十几平方米，四壁刷白，还装着玻璃窗子，与其他车间相比，算是采光最好的了。向窗外望去，凤凰山，延安城，宝塔山，延河水尽收眼底。"

中央印刷厂刻字部工作场景，刻工正在雕刻《敌军猛扑长沙城》之《湘境战场图》木版

本页图片全部来自美国威斯康星州密尔沃基大学图书馆美国地理学会图书馆

（四）拣字排版

排字部紧邻刻字部，位于弥勒佛石洞内，面积 40 多平方米。排字部是中央印刷厂人数最多的一个部门，1944 年时有 60 多人，分书版间和报版间，分别负责为书籍和报纸排版。

由于汉字字数众多，因此中国人的活字排版与西方迥然不同，这极大地吸引了外国记者的目光，福尔曼不惜胶卷，拍摄了4幅排字场景

弥勒佛洞内排字部场景

弥勒佛洞内排字部光线明亮

排字架后面的弥勒佛像完好无损

本页图片全部来自美国威斯康星州密尔沃基大学图书馆美国地理学会图书馆

（五）拼合印版

哈里森·福尔曼为了完整地记录下一张报纸的诞生，特意追踪记录下了最终印版完成的照片。可见，他并不仅是走马观花地参观，而且以"新闻小品"的形式，进行有始有终的追踪记录。他前面在刻字部拍摄到的那块《敌军猛扑长沙城》之《湘境战场图》木版画已经镶嵌进整块报版中。

拼合完成的1944年6月19日《解放日报》头版印版

本页图片全部来自美国威斯康星州密尔沃基大学图书馆美国地理学会图书馆

（六）报纸打样

由于印报用的活字为 5 号字，而且活字字面都是反字，因此在排版过程中很容易出错。为保证报纸的质量，打出报样来供领导、编辑和校对员校对，是一道必不可少的工序。

（七）校样改版

通过打样得到的印张，将送到相关的领导、编辑及校对人员处进行校对。中央印刷厂负责一校和二校，报社编辑部则负责三校。如果有错误或者修改，则需要对排好的活字印版进行改版。照片中的工作便是对照手里修改的两个文字，将原版中的错字拣出替换。

（八）上机印刷

印刷工序属于机器部。机器部位于整个清凉山最大的洞窟万佛洞里。万佛洞宽 17 米，高 6.7 米，进深 14 米，面积达 200 多平方米。这里形成一个天然的防空洞，印刷机和纸张都放在这里面，不怕日本飞机轰炸。正如谢觉哉诗中所赞："马兰纸虽粗，印出马列篇，清凉万佛洞，印刷很安全。"

中央印刷厂的工人正在排好的报版上打样，印出样报供校对和审改

中央印刷厂工人正在对照校改后的印样进行改版

万佛洞内印刷工人正在用对开铅印机印刷《解放日报》，石壁上的小佛像群清晰可见

本页图片全部来自美国威斯康星州密尔沃基大学图书馆美国地理学会图书馆

结合"刻图版"和"排好的印版"两张照片，作者翻阅大量原版报纸，终于找到了对应的报纸，也就是 1944 年 6 月 19 日的《解放日报》，报纸在多个档案馆和图书馆得到保存。

1944年6月19日的《解放日报》头版，当年哈里森·福尔曼参观中央印刷厂时用照相机镜头记录下的，正是它的生产过程

四、民族的号筒《抗敌报》

1937 年 7 月 7 日，日本帝国主义挑起了震惊中外的"卢沟桥事变"，抗日战争自此进入全面抗战阶段。

国难当头，为了进行抗日宣传，揭露日寇的侵略行径，发动边区人民进行武装斗争，当时驻守在河北省阜平县担任晋察冀军区司令员兼政委的聂荣臻指示军区政治部筹办印报。1937 年 12 月 11 日，晋察冀军区《抗敌报》正式创刊了，地址在阜平县城的文娴街。《抗敌报》最初出刊的几期名字叫作《抗敌》，幅面为 8 开，油印，3 日刊，主要登载国际国内动态。报纸的印刷员为赵玉山，负责管理蜡纸和进行油印。主要负责报纸内容编辑的同志有五六人。插画部分先后由沙飞、洪水负责。报纸向全边区群众和军队发行，很受欢迎。

为了扩大宣传，加速出报，军区领导专门从部队抽调两名战士协助印刷，阜平县也为他们提供一台石印机。同时，报社还吸收城内一位姓贾的老板经营的竹兴书局的两名技工，并以每月 6 块大洋的租金租用该书局一台石印机。至此，由四个人、两台石印机、一把裁纸弯刀组成了政治部石印组。当时，石印组和政治部同驻在文娴街赵家大院后院，三间北房，条件极为艰苦。但同志们斗志昂扬，充满了革命乐观主义精神，不分昼夜试印报纸。几经周折，从第 13 期起《抗敌报》终于从油印改为石印，报纸扩大为四开两版，报版中增加了边区消息和言论。文字由朱自清（此朱自清非"文豪"朱自清）、赵昆刚两名当地人绘石，即用药墨先写在药纸上，再翻制在专用石板上制成石印版印刷而成，字迹清晰，

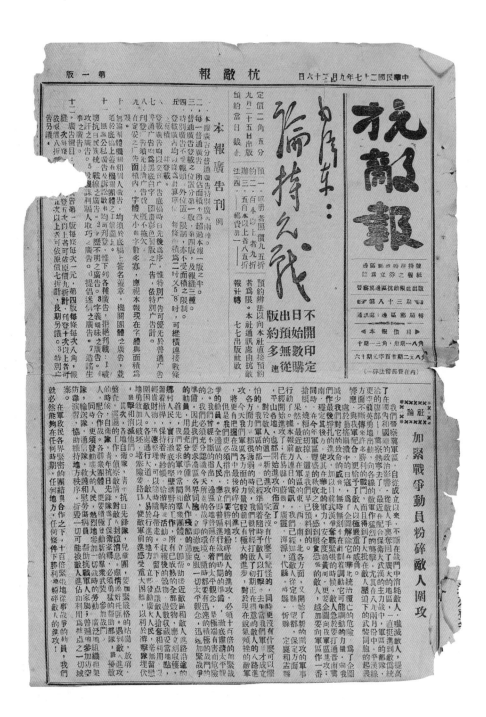

1938年9月26日《抗敌报》，刊登毛泽东《论持久战》预约出版广告，中国印刷博物馆藏

受到军区首长的称赞。后来，政治部石印组除印刷《抗敌报》外，还增印了八开两版小报《抗敌副刊》。军区《抗敌报》的出版，极大地鼓舞和坚定了边区军民的抗战必胜信念，为晋察冀边区的反侵略战争做了大量的舆论工作。

1938年3月初，12 000多日寇从平汉线向边区的中心阜平等地方发起进攻。3月5日，敌机轰炸阜平县。只出版了23期的《抗敌报》的同志们没来得及转移，就遭到了敌人的轰炸，印刷机器同第24期报纸一起被炸毁，这是《抗敌报》创刊后首次直面日寇的残酷"围剿"。报社立即向西转移到山西省五台山麓的大甘河村海会庵。经历了这次日寇轰炸，报社召开了一次会议，会上，群情激愤，大家发言集中在一点上：坚决抗战、坚持出报，在新闻岗位上坚守阵地、发动群众，对日寇战斗到底！3月25日报社出刊的《抗敌报》第二版做出了这样的声明："这次敌人进攻阜平县，本报社的石印机因十分笨重，且时间紧迫，人力有限等原因，未能来得及搬撤，致为敌人火力所毁，殊为痛惜。然而丧心病狂的敌人，虽能毁掉了本社的印刷设备，却不能毁掉了本社同志坚决以笔代枪诛伐日寇的信念！现在报社的全体同志们决心尽我们所有的力量来努力弥补这次轰炸给我们造成的损失，并更加扩容我们的抗敌武器——《抗敌报》——来回答敌人的残暴行径。这期《抗敌报》篇幅已略微扩大，预计在不久的将来，我们还要出两张纸。"这是宣传战线上的战士的怒吼，也是战斗的宣示。

1938年5月，孟汉卿、康存怀、朱文秀、张效舜、张呈祥、卜俊生等20多名同志调到抗敌报社，并从冀中调拨来三部印刷机和一批印刷器材。这是《抗敌报》储备铅印出报的第一批印刷工人。1938年6月3日，《抗敌报》第45期四版刊出"本报革新预告"，内容大致为：为了更好地服务边区民众，报社特从冀中区运回了铅印机，打算从50期开始出版铅印报；因为要改成隔日刊，所以定价会相应改变；希望边区各政治团体和民众积极订阅。

1938年6月27日，《抗敌报》第50期出版纪念特刊，套红印刷，共8版。在这期报纸上，有多位领导同志题词，陆定一同志称这张报纸是"无价之宝"，

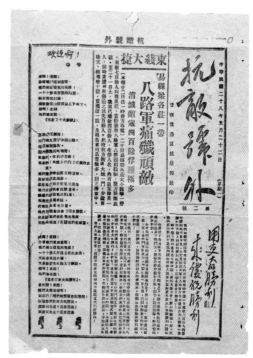

（左）1939年9月30日《抗敌报号外》，专题报道《激战三昼夜我军克复陈庄》，中国印刷博物馆藏

（右）1939年5月22日《抗敌号外》，专题报道《易县梁各庄一带八路军痛歼顽敌》，中国印刷博物馆藏

聂荣臻同志的题词是"民族的号筒"。

从1938年8月16日出版的第63期开始，《抗敌报》改为铅印，完成了从油印小报到石印报纸，再到铅印报纸的华丽升级。

自1938年9月底开始，较长一段时间内，报社一直处于反"围攻"的游击战争中。报社编辑人员带着机器、物资，在深山里艰苦地进行"游击办报"，并坚持铅印印报。1939 年 11 月，日寇调集 3 万兵力对晋察冀腹地大举进行报复性"扫荡""围剿"，分 7 路合围阜平地区，到处烧杀。《抗敌报》也成为日寇围攻的目标之一。在反"扫荡"中，报社从阜平县西南部的马兰村转移到神仙山麓的大台，又向东穿越完县、曲阳、唐县，在马兰、孟家台、三官一带游击出报。报社行军走到满城刘家台时被敌人发现，遭敌尾追，敌机轮番轰炸，印刷厂铅字箱被炸散 3 箱，印机大框被炸断一角。在邓拓同志的指挥下，队伍插入深山，昼夜急行军，最终摆脱了敌人。刚一脱离危险，报社便坚持出了 5 期铅印报纸。1939 年冬，《抗敌报》报社的一支队伍驻扎在滚龙沟。滚龙沟共有 9 个村子，社长邓拓和通信编辑人员以及电台设备都隐蔽在二庄，报社的搬运队、行政储备人员住在其他部分村里，报纸印刷设备也藏在农户的家里。到1940 年春，整个滚龙沟大约有 200 位报社工作人员（包括广播电台）长期滞留。几乎家家都住有报社的同志。日寇围着滚龙沟来来回回地反复侦察"扫荡"，大肆搜查，始终没有找到报社隐蔽的据点。这正是依靠报社同志和百姓们默契的配合。村民们帮助报社同志侦察、放哨、除奸，将"新闻战士"小心地保护起来。只要敌人一有情况，侦察的百姓就马上报信，报社人员坚壁清野，收拾好，跟日寇打游击；敌情稍有缓和，工作人员就赶紧再挖出机器继续出报。

1940 年 5 月，晋察冀通讯社与抗敌报社两社合并。1940 年 11 月，《抗敌报》改名为《晋察冀日报》。

五、八匹骡子办报纸

由《抗敌报》更名而来的《晋察冀日报》在办报期间，面对敌人层层封锁的恶劣环境，报社的同志们一手拿枪、一手拿笔，打游击、印报纸，巧妙地绕过敌人的封锁线，源源不断地获取消息、出版报纸。报社同志们与当地军民、八路军五团战士一起，赢得了"白龙潭大捷""轿顶山伏击战"，还书写下"七进七出铧子尖""三进三出马兰村""八匹骡子办报纸"以及马兰村百姓牺牲自己保卫报社的新闻传奇。

"八匹骡子办报纸"的故事发生在硝烟弥漫、艰苦卓绝的抗日战争时期。面对着敌人的疯狂"扫荡"、物资的严重匮乏、地点的频繁转移，要想把报纸办下去，就不能一直停在一个地方，得让报社"动"起来。可那时候，常用的印刷机就有一吨重，为了适应新的战争环境，方便印刷厂的迁移，减轻印刷机的重量，1941年，报社印刷厂的牛步峰与几位同志负责改制轻便印刷机。他们把石印机改造成铅印机，将重量成功减轻至500斤。又经过3年无数次的改良和创新，终于研制成功重量仅有60斤的木质轻便铅印机，只有手提箱那么大，大家叫它"马背上的印刷机"。一旦敌情紧张，需要转移出发时，编辑们各背一袋稿件，新闻台报务员背着收发报机，战士们肩扛铅字箱，一匹骡子驮一台轻便铅印机，加上其他用品，出版报纸的全部物资，一共只需要八匹骡子就驮走了。每转移到隐蔽的地方，借用老乡的一个饭桌，几分钟内就可以开始印报。他们凭借智慧与坚韧，用"八匹骡子办报纸"的方法，书写了新闻印刷史上游击办报的传奇佳话。

"七进七出铧子尖"则是晋察冀日报社的同志们在反"扫荡"过程中，英勇斗争的一段佳话。

铧子尖是平山县滚龙沟南山一座最高峰的俗称，因形似犁田的铧子，故称铧子尖。那时候，《晋察冀日报》这一张张薄薄的报纸，成为团结人民、打击敌人的武器。所以，日本鬼子把晋察冀日报社看成眼中钉、肉中刺，每次"扫荡"都把报社列为重要目标。当时的报社社长邓拓曾严肃地对同志们说："永远要留着两颗手榴弹，一颗给敌人、一颗给自己和印刷机。万一走不脱，就什么也不给敌人留下！"1941年8月24日，日军逼近滚龙沟报社驻地，原计划撤退的山路已被截断，此时又和中央断了联系，危急时刻，邓拓决定利用复杂地形，化整为零，隐蔽活动。在铧子尖的小山庄，十几个工人挤在只有几平方米、用石头垒起来的牛圈里，继续印报、出报！驻扎在5公里外的敌人没日没夜地搜山，为了不中断报纸的印刷，一有敌情，他们便把机器和铅字埋起来，敌人走了，挖出来接着印，如此反复埋挖了七次！被称为"七进七出铧子尖"办报，就是这支新闻队伍冒着生命危险、顽强不屈、勇敢机智的一段特殊战斗。

还有马兰村民英勇抗敌保卫报社这个催人泪下的故事。1943年10月20日，敌人在马兰村逼着乡亲们说出报社印刷机埋藏的地点。可任凭日寇威逼利诱、严刑拷打，没有一个人出声。恼羞成怒的鬼子疯狂地抽出刺刀，一下子就刺进了一名乡亲的胸口，鲜血喷溅了出来。敌人沾满鲜血的刺刀，又刺向了其他手无寸铁的乡亲们。一名又一名的乡亲倒在血泊中……19名乡亲倒下了，他们的鲜血染红了那片不屈的土地，染红了埋藏着印刷机的土地。他们用生命告诉我们：人民是报纸的读者，更是报纸的编者。

1948年6月15日，《晋察冀日报》跟晋冀鲁豫根据地报纸合并，新的报纸就叫《人民日报》。

Zincai Ribao

民國三十二年二月十八日

晉察冀日報
（抗敵報）

第二百三號

定價 每份一角

第九七七號

本日出版一大張

發行處 晉察冀日報社

一九三七年十二月十一日創刊

「更」正啟事

（一）本報九七三期
（二）二版報頭整風風名
同註釋「遵義會議」文

（一）一九三五年二月
（三）九六六期
（二）又一月八日之額

保「是」一九三
年一月八日之額

臨末行末句「新世紀
劇社」為「前進劇社」
之誤。

怎樣總結學風學習與開始審風學習？

——七月卅日在中央直屬總學委會上的報告

李富春

（一）如何進行學習的總結？

（二）如何開始審風學習？

澈底粉碎王實味的托派理論及其反黨活動

（續一）

張如心

——在中央研究院鬥爭會上的發言——

乙 王實味的反黨活動方法有何特點？

丙 王實味為什麼要爲敵人服務？我們要怎樣來回答他的反黨活動？

晉察冀日報

ZINCHAGI RHBAO

（星期一）

中華民國三十七年六月十四日

本報晉冀魯豫察綏五省區印行

民國二十六年十二月十一日滁南創刊

（第二五四期）

今日出一版

零售遺售實洋一千元

夏曆戊子年五月初八日

開辦除蟲訓練班

八、九、十一各專區

華北局、司令部工作人員 帮助群眾麥收

本報終刊啟事

★

★

北嶽區四地委幹部會議

檢討土改整黨佈置生產

彭真同志蒞會指示今後工作

【本報訊】北嶽區四地委幹部會議檢討土改、整黨佈置生產……

配合南陽東戰役

殲滅蔣匪二千三百餘

鄆城西平兩擊匪十八軍

江漢軍區開幹部會議

絳縣參加臨汾戰役民工

選出六名特功功臣

平漢北段地武民兵

保衛麥收連續獲勝

房山清苑殲匪三百餘

分清幹部功過 辨別是非輕重

進一步鞏固新解放區

從原則上團結起來

團結各階層人民 恢復和發展生產

六、头版广告二版头条

　　1937 年，国共两党第二次合作之后，周恩来根据中共中央指示，要求在国统区创办《新华日报》作为党的宣传舆论阵地，蒋介石表示同意。这样，《新华日报》便成为抗战时期和解放战争初期中国共产党在国统区唯一公开出版的报纸。1938 年 1 月 11 日，《新华日报》在武汉创刊，10 月 25 日武汉沦陷，便改在重庆出版，1947 年 2 月 28 日终刊于重庆，历经 9 年 1 个月零 18 天，共出刊 3231 期。1945 年毛泽东赴重庆谈判期间曾高度评价它：我们不仅有一支八路军、新四军，还有一支"新华军"！朱德曾高度评价："一张《新华日报》顶一颗炮弹，而且《新华日报》天天在作战，向敌人发出千万颗炮弹。"

　　在中国共产党的正确领导下，经过报社同人们的辛勤耕耘，《新华日报》发行量越来越大，在大后方人民群众中影响越来越广，因此很自然地成为国民党统治者的眼中钉，他们十分恼恨和担忧，想方设法地对它严加控制和审查。对此，《新华日报》的同志按照周恩来和南方局的指示，贯彻"斗智抗检、寸步不让"的方针，采取"合法"与"非法"相结合的多种方式，同国民党的新闻检查制度作坚决而巧妙的斗争。

　　"暴检"便是《新华日报》对国民党新闻检查机关无理删除文字的一种无声抗议。所谓"暴检",就是将被删处或以"×××"标出,或注明"被略",或注明"被略若干字",或故意留出空白即"开天窗",或注明"以下奉令删登"等等。这样一来,可让读者领会其中的含义,抗议国民党的新闻检查制度。此外,报馆还冒着被封杀的风险提前送检,即不全部送检的"违检"做法来抗检。

　　皖南事变发生后,《新华日报》接到一项重大政治任务,即想尽一切办法把事变的真相向国统区的广大人民群众揭露出来。但在1941年1月17日,《新华日报》准备于次日刊登揭露事变真相的稿件被国民党当局无理扣留。周恩来得悉,指示《新华日报》与敌人进行针锋相对的斗争。于是17日晚,报社准备了普通内容的版面,并把清样送交检查。但新闻检查所的人非常狡猾,他们拒看清样,一定要看印好的报纸。报社只好在两个拼好的活版上打纸型,浇铅版,并印出一张报纸送交检查。新闻检查机关审查无误、盖章通过后,报社工作人员立即拆掉烫手的版面,拼上有周恩来题词的木刻版,再打纸型,再浇铅版,交付印刷……第二天,《新华日报》上周恩来的题词"为江南死国难者志哀"以及题诗"千古奇冤,江南一叶。同室操戈,相煎何急?!"轰动了整个山城乃至全国,使国民党陷入舆论的旋涡中。

　　国民党反动派不仅打压报社,还迫害《新华日报》的读者。1941年3月28日,江北民生厂的两名《新华日报》读者被宪兵逮捕和关押。此外,报社还常常收到重庆市

重庆市渝中区化龙桥虎头岩村86号《新华日报》
总馆的防空洞里，工人们正在排版印报。皖南
事变后，1941年1月18日，载有周恩来著名题
词的"千古奇冤，江南一叶。同室操戈，相煎
何急？！"的那份《新华日报》，就是在这个防
空洞里印刷出来的。

《星火之城》，《重庆日报》，兰世秋等，2015年
9月2日

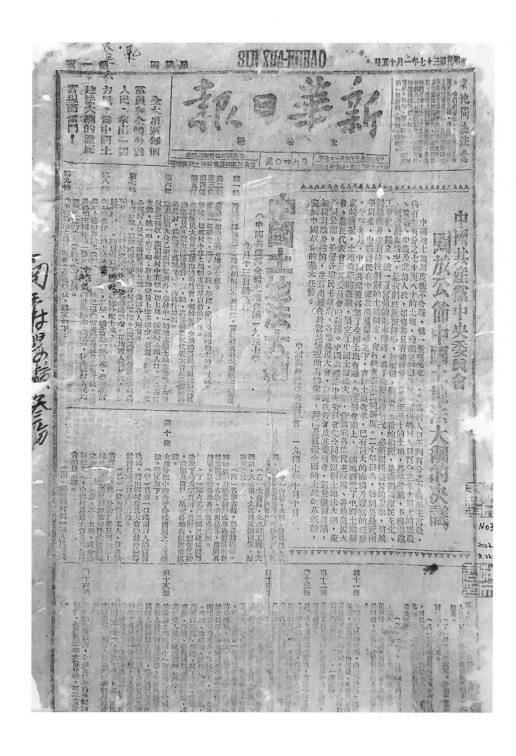

及各地读者的致函，称奉令停阅或环境不容许续订等。如有一位读者来信说，县党部书记通知，看《新华日报》要当心自己的脑袋，如此种种。同其他报纸一样，《新华日报》开始也是在第一版报头下面刊登社论、要闻。后来，有读者反映：每天拿到报纸，第一眼就看见"新华日报"这四个醒目的大字，虽然自己觉得十分亲切，但由于重要新闻、社论都在第一版，读完又需费很长时间，因此老是担心有特务、坏蛋盯梢，担心他们很容易就看到"新华日报"这四个大字。于是提出，希望把惹眼的报头另排一个地方。报馆对这个意见作了慎重研究，为了更多读者的安全，决定把社论、要闻改到第二版上，第一版全部刊登广告。这样，读者拿起报纸读社论、要闻时，有"新华日报"四字的报头就折到里面去了，读者就可以放心大胆地"低调"阅读——原来这种改版是为了保护读者安全。因此，我们今天看到的《新华日报》从 1942 年 2 月 1 日起，除了极个别特殊情况外，报头所在的第一版就全是广告，而第二版则登要闻、社论，第三版是地方消息，第四版是副刊，这样直至终刊。

头版全登广告，二版才是要闻、社论，这是《新华日报》一度与其他报纸的不同之处，也从一个特别的角度见证了国民党反动派迫害《新华日报》的历史。

左页　解放战争初期，《新华日报》曾办过华北版、太行版、华中版。这是1948年1月15日的《新华日报》太岳版，整版刊登《中国土地法大纲》

七、婚房印刷厂

《大众日报》创刊于 1939 年 1 月 1 日，至今仍在出版，是中国新闻史上连续出版时间最长的党报。但令今天的人们无法想象的是，在革命战争年代，先后有 578 位报社职工、160 多位沂蒙好乡亲，为这份报纸牺牲了生命，他们用鲜血写就了可歌可泣的新闻史诗。

1938 年 5 月 21 日，中共山东省委召开干部会议，确定在山东创建抗日根据地，并做出"创办一张全省性报纸，大力开展党的宣传工作"的重要决定。报纸是印刷品，印刷就离不开印刷机。解决了印刷机的购买、运输以及调试等一系列的困难之后，最终，省委决定将印刷设备安顿在沂水县王庄东北七八里地的云头峪村。这个盛产樱桃的小山村，现在是《大众日报》创刊地纪念馆所在地。那时，刚刚嫁到该村牛家的 22 岁新媳妇刘茂菊一听是为了打鬼子，立刻就把她和丈夫居住的两间石头垒的婚房腾出来做印刷机房，夫妻俩则和公婆挤住在一起。后来，报社印刷所又从济南和泰安请来了一批技术工人，就都以这婚房为据点，印刷所扩充到了 30 多人，"升格"为印刷厂，按照正规印刷厂的建制，设工务股、校对股和总务股。

1939 年 6 月，《大众日报》诞生不久，就遇到了敌人的大"扫荡"。当时，敌人集中了第五十五、一一四两个师团的兵力，共两万人，对沂蒙山区实行分路合击。那时报社已发展到 140 多人。反"扫荡"开始，根据中共中央山东分局的指示，以印刷工人为主，组织起一支七八十人的游击队。开始时，只有 7

上图　大众日报社的工作人员在油印报纸
下图　1939 年 3 月在"婚房"中铅印出版的《大众日报》，山东省临沂市华东革命烈士陵园和沂蒙革命纪念馆藏

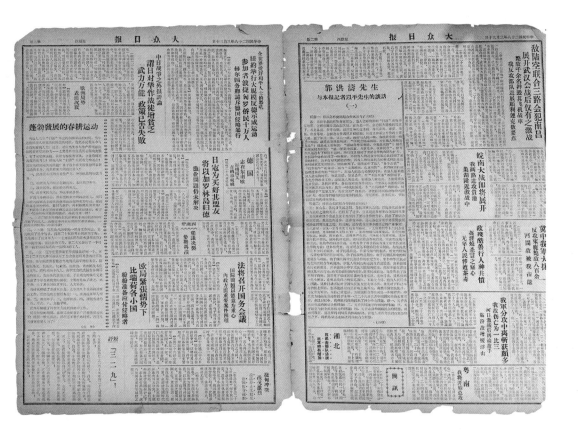

支长枪和 1 支破旧到无法使用的"土压五"枪,他们自嘲有七支半长枪。此外,他们还有一些手榴弹。可是大家都很勇敢,在一个多月内,先后同敌人激战 3 次,打死敌人数十个。到反"扫荡"结束时,这支号称"沂蒙大队"的印刷工人武装,已经拥有 3 挺机枪、200 多支长枪,成为很有战斗力的部队了。

"婚房"印刷厂所用的脚蹬圆盘印刷机有点像脚踏式缝纫机,脚蹬之力通过圆盘上的皮带传送纸张,每小时可以印几百份报。就是凭着这样的机器,印刷厂创造了辉煌的纪录:截至 1949 年 4 月 1 日,《大众日报》连续出版 2510 期,发量达 4 万份。

1991 年,大众日报社出资为老房东在印刷所旧址旁边盖了三间大瓦房。如今,在昏暗的小屋里,当年的印刷设备仍在,歌颂着鱼水情深的党群关系,记录下《大众日报》创刊的艰辛历程,讲述着当年老房东为支持抗战而腾婚房的故事。后人很难想象,如今在山东新闻大厦里办公的大众报业集团,起点竟是简陋的民房。

《大众日报》创刊地旧址山东省临沂市沂水县夏蔚镇云头峪村

八、吓退敌军的《拂晓报》

　　《拂晓报》创刊于 1938 年，是新四军第四师师长彭雪枫精心打造的一份报纸，在新四军的报界颇有名气。《拂晓报》油印技术更是为广大军民所称道。它的标题字体丰富，有楷体、宋体、仿宋体、黑体，报纸的正文为老五号长宋体，字体清秀，插画、图案、花边版式墨色均匀，清新美观。逢节日还出特大号，彩色套版，鲜艳夺目，读者们爱不释手。连很多印刷工作者都以为他们采用的是神秘的先进印刷技术，完全没有想到油印技术也能做到如此极致。因为高超的油印技术，大家送给《拂晓报》油印人员绰号"油滚子"（油印墨辊）、"满天飞"（油印刚完成时需要将印张散开晾干）。直到 1943 年 5 月 1 日，《拂晓报》才从油印改为铅印。

　　1940 年百团大战以后，为减轻人民负担，更有力地打击日寇，边区军民积极响应党中央"自力更生发展生产，自给自足，粉碎敌人封锁"的号召，奋力劳动。1943 年终于成为丰收年，秋季里，芝麻、绿豆、黄豆、玉米等已经熟透，特别是高粱的长势令人喜爱。正当淮北军民怀着丰收喜悦的心情忙于收割时，驻徐州日军指挥官太田米雄调集 3 000 多日伪军，向淮北边区进行突袭，并携带大批牛车、马车准备趁机抢粮。当边区军民得知情报时，敌人已经出动两个多小时了，情况十分紧急。全体人员迅速向东转移。在转移的过程中遇到新四军第四师政治部主任吴芝圃带领两个连的兵回师部开会，大家真是像遇到了救星一样。但也就在这个时候，日寇两个中队已在大队长松田的指挥下，乘 8 辆

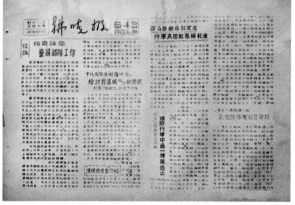

上、中图　1947年6月《拂晓报》，新四军第四师机关报，蓝色油墨油印

下图　《拂晓报》印刷厂老战士，选自四川省革命印刷印钞历史研究会，《晚霞生辉》，1987年9月

汽车向我根据地进犯。吴芝圃指挥两个连队的战士，迅速接近敌人汽车，以手榴弹、大刀猛打猛冲，经过 30 多分钟的激烈战斗，消灭了两辆车上的 60 多个鬼子和伪军。但与此同时，后续敌人汽车的发动机声音清晰可辨，局势对我军十分不利。我方总兵力只有 600 多人，吴芝圃主任带的两个连战斗力好一些，县大队三个中队的多数战士甚至没有枪，子弹又少，还有几百名群众。所以，吴芝圃当即决定，集体向东突围进入东根据地。

匆忙之中，警卫员小高在跃出交通壕沟时，不慎将文件包失落在壕里。包内装有边区政府印发的各种文件，还有一份《拂晓报》。由于情况紧急，无法取回，只盼着等敌人退走后再去找回。伪中队长张二秃子发现了壕沟里的干粮袋及文件包，如获至宝，赶紧拿去向张海生报告。张海生是皖北地区最大的土财主，也是泗县有名的恶霸地主。抗战时张海生充任泗县伪军一支队司令兼自卫团团长，干尽了伤天害理之事。北平解放后，潜匿上海，企图组织武装，推翻革命政权。1951 年被捕，同年 12 月 12 日，被人民法院判处死刑，公审枪决。张海生当即就拿着文件和报纸向太田米雄报告，两人在一起叽叽咕咕了半个多小时。当时，日寇的山炮、小钢炮、轻重机枪疯狂地向我军方向发射，整个攻击持续了半个时辰。突然，炮声、机枪声一起停止，周围一片寂静，进攻的敌人纷纷回撤。这到底是怎么回事？大家不明白太田米雄又在搞什么鬼把戏。为谨慎起见，我军派两名侦察员随几名我方人员的伪保甲人员一起去探听虚实。从据点的伪军嘴里得知，张海生将文件和《拂晓报》交给太田米雄后，老奸巨猾的太田米雄认为，《拂晓报》是新四军第四师师长彭雪枫亲自创办的，加上在那千里青纱帐中，看不到、摸不着，行路难，担心中我军主力埋伏。当时太田米雄还很神气地对张海生说，彭雪枫很狡猾，不要上他的当，要求快快撤退。

当得知鬼子为了一份《拂晓报》便怕成那样，死伤 60 多人，还丢下被打坏的两辆汽车，3000 多人马仅仅只是踏入边区的边缘，一粒粮食也没抢到，就被一份油印报吓回去了时，吴芝圃主任深情地说："《拂晓报》不简单，真是看不见的一股巨大的、无形的威力。"此事一传开，边区人民对《拂晓报》更加喜爱。只要报纸一到，大家都争相抢看，爱不释手。《拂晓报》对鼓舞边区军民的抗战士气起到了很大的作用，实力诠释了"一张《拂晓报》胜过一个师"。

九、从《大公报》到《经济日报》

你听说过天津《进步日报》吗？大概很少有人知道。但说起《大公报》，几乎无人不知，无人不晓，直到今天香港还有《大公报》出版。《大公报》创办于 1902 年，是中国发行时间最长的中文报纸之一，也是中华人民共和国成立以前影响力最大的报纸之一。说起《经济日报》更是大名鼎鼎，因为这是当代一份中央级的主流报纸。《进步日报》《大公报》《经济日报》这三份报纸看似毫无联系，实际上它们之间有着割不开、剪不断的渊源。

《大公报》一贯标榜"不党、不卖、不私、不盲"，是一张"文人论政""以文章报国"的民办报纸，既敢于痛骂执政的国民党政府及其要员的腐败和反动行径，也不时刊登一些文章，批评当时在野的中国共产党。当时的《大公报》对两党虽然左右开弓，但批评中共的文章为数不多。批评国民党的文章，则连篇累牍。国民党政府一贯宣传"戡乱剿匪"，污蔑"共党、共军"为"匪"，命令所有报纸都把"匪"字加到"共党、共军"头上，《大公报》敢于不听"训令"，报纸上仍直书中共、共军。所以，1944 年，当中外记者团到延安参观时，毛泽东坚持让《大公报》记者孔昭坐首席，还对他说："只有你们《大公报》拿我们共产党当人。"（钱钢：《回眸"重庆谈判"》，《中国青年报》2005 年 11 月 2 日）

1948 年，平津战役打响，天津市解放在即。如何处理和对待在国内外具有重大影响的天津《大公报》，是一个迫切需要解决的问题。有关部门把已在解放区的原《大公报》人杨刚（女，中华人民共和国成立后曾任人民日报社副总

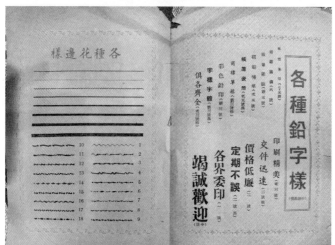

解放初期天津进步日报社印刷部铅印广
告，《进步日报》报头四字为郭沫若题写

编辑）、孟秋江（解放后任天津进步日报社社长、北京大公报副社长、香港文汇报社长）等人邀集到中共中央所在地河北省平山县西柏坡共同研究，在毛泽东、周恩来主持下做出决定：一是天津《大公报》按民营企业对待，不予接管；二是《大公报》易名为《进步日报》出版，报头由毛泽东命名,由郭沫若以正楷书写。

1953 年，中央决定上海《大公报》北迁，与天津《进步日报》合并出版新的《大公报》，并升格为中央一级全国性报纸。《大公报》改组以后，重新确定了编辑方针，以报道和讨论财经问题，特别是公私关系和劳资关系为主。1954 年 10 月 6 日，中央宣传部又发出通知，重申了《大公报》是财经党报的性质，首开我国专业经济报纸的先河。

"文化大革命"期间，《大公报》遭受冲击，风雨飘摇，于 1966 年 9 月 10 日停刊，更名为《前进报》，但也只办了 45 期，便再度被封停。直到 1978 年，报社的同志们受命重新筹备办报。7 月 4 日，《财贸战线》报创刊，最初的办公地点在北京东城区东单北大街北方旅馆的 4 间客房里，排版印报由体育报印刷厂代排代印。1981 年 1 月 1 日，《财贸战线》报更名为《中国财贸报》，并改出对开大报，由周二刊改为周三刊，报社迁入西皇城根 9 号院。1982 年 12 月 31 日，《中国财贸报》终刊，1983 年元旦，《经济日报》创刊。1984 年邓小平同志为《经济日报》题写了报头。细心的读者可以发现，报纸一般都只有一个发行序号，而《经济日报》报头上有两个序号，一个序号是《经济日报》的发行数，而总序号是从《中国财贸报》创刊号开始延续至今的发行序号。以 2019 年 11 月 3 日的《经济日报》为例，当天发行序号是第 13257 期，总 13830 期。由此可证，今天的《经济日报》和《大公报》有着不可分割的渊源。

第四章

红色书籍印刷

1920 年以后，马克思主义研究会等社团组织在全国各地陆续建立。上海共产主义小组成立之后，红色书籍的印刷出版需求更加旺盛。1921 年，中国共产党正式成立，为加强马克思学说和思想的传播，更是专门创办人民出版社以编印发红色书籍。此后，中国共产党领导的书籍印刷出版事业，在星火燎原的革命根据地、抗日根据地、解放区，在"围剿"与"反围剿"、"扫荡"与"反扫荡"的艰难环境中曲折前行，印刷出版了一批又一批旗帜鲜明的红色书籍，书写下一个又一个的红色印刷故事。

红色图书馆阅览室

《延安红色图书馆阅览室》，图片选自
斯诺《西行漫记》

一、错版《共产党宣言》

1848 年 2 月，《共产党宣言》在伦敦正式出版。《共产党宣言》的问世是人类思想史上的一个伟大事件。《共产党宣言》是第一次全面阐述科学社会主义原理的伟大著作，矗立起一座马克思主义精神丰碑，到今天依然闪烁着真理的光芒。而《共产党宣言》在中国落地，以中文印刷发行则是在 1920 年。《共产党宣言》中文本的印刷出版几经磨砺，流传着几个生动的故事。

第一个故事是，墨水为什么这样甜？《人民日报》曾发表文章《信仰的味道》，讲述了著名学者陈望道 1920 年春天在家乡浙江义乌翻译《共产党宣言》时废寝忘食的故事。为了保密需要，同时也为了能有一个安静的环境，陈望道没有把翻译工作安排到透亮宽敞的书房中进行，而是选在了庭院一隅堆满杂物、落满灰尘的柴棚之中。日复一日，陈望道在柴棚中全身心投入到翻译工作之中，沉浸在共产主义无产阶级的呐喊之中，以至于一次母亲给他送去糯米粽子外加一碟红糖充饥时，他竟拿着粽子，蘸着红糖碟旁边的墨汁吃得津津有味，浑然不知。当他母亲在屋外问："红糖够不够，还要不要添加些？"时，他竟然回答："够甜，够甜了！"谁知，母亲进来收拾碗筷时，却发现陈望道的嘴角满是墨汁，红糖一点儿没动。母子二人相视大笑。陈望道粽子蘸墨汁还连声说甜的"糗事"（故事），让信仰有了滋味。

第二个是铅印错版的故事。陈望道译成《共产党宣言》之后，准备让它在《星期评论》上连载。但此时，这本刊物却引起了租界当局的不满，被迫停刊，

《共产党宣言》译本的刊发工作被迫搁置。1920 年 8 月，上海共产主义小组诞生。小组诞生后的第一件事就是要宣传共产主义，印行《共产党宣言》译本成了首要任务。为了印刷出版中文版《共产党宣言》，陈独秀、陈望道与多方协商后，决定创办印刷所。印刷所在今天的上海复兴中路 221 弄 12 号一幢石库门里。陈独秀为印刷所取名为又新印刷所，典出中国儒家经典《大学》第二章"苟日新，日日新，又日新"，意喻勤于省身和不断革新。又新印刷所创办之后，印刷发行了一批宣传新思想的书籍，为中国共产党人在编辑、管理、发行、印刷等方面都积累了工作经验。又新印刷所承印的第一本书便是《共产党宣言》。

第一个中文版本的《共产党宣言》不仅内容是"红色"的，其封面也是红色的，被称为"红色中华第一书"，1920 年 8 月付印，共计印行 1000 册。封面印着红底的马克思半身坐像，画像上方印有"社会主义研究小丛书第一种""马格斯安格尔斯合著""陈望道译"等字样。翻开小册子，内页是用 5 号铅字竖版直排，无扉页及序言，亦不设目录，风格简洁。然而直到分发出去，才发现书名被错印成"共党产宣言"，文中也有 20 余处讹字。毕竟这是又新印刷所开机印制的第一本书，出错也情有可原。排字容易出现错讹也是活字印刷的一个特征，着实很难避免，何况这是"地下印刷"产品。这一印错书名的版本，目前国内仅存 7 本。《共产党宣言》中文首译本推出后，迅速在先进知识分子群体中掀起一股购买与阅读热潮，很快便告售罄。同年 9 月又印了第二版，改正了首印本封面错印的书名，为了以示区别，特别将书封上的书名和马克思肖像由红色改为蓝色。与首版相仿，第二版同样热销，以至许多读者致信《新青年》等流行报刊，询问购书事宜。蓝色版本《共产党宣言》目前全国仅存 11 本。

又新印刷所印制的两种最早中文译本《共产党宣言》（复制品），图中红蓝两版《共产党宣言》的封面除了颜色不同之外，还有哪里有区别？

二、以假乱真的"伪装书"

伪书是个贬义词，通常是指书籍的作者是伪作者，或者说年代作假，或者根本是不真实存在的书。但这里讲述的"伪书"却是特例，是反义之反义，指可歌可泣的红色书籍。革命时期，共产党人巧妙地运用"伪书"，进行红色宣传战斗，流传下可圈可点的故事。这些"伪书"尽管距今不到一百年，但因为背后的传奇故事和稀缺罕见，已成为非常珍贵的革命文物。

1943 年，蒋介石抛出反共反人民的《中国之命运》一书。该书出版后，国民党发布通令，国统区各机关、团体、军队、学校均要求阅读。毛泽东指示，陈伯达、范文澜、艾思奇、齐燕铭分头着手写文章对蒋介石及其书进行批判。陈伯达用三天三夜，写出了《评蒋介石先生的〈中国之命运〉》，原拟作为《解放日报》社论发表。毛泽东审阅了全文，改标题为《评〈中国之命运〉》，并改署陈伯达个人名字，于 7 月 21 日刊于延安《解放日报》。当天，中共中央宣传

右上图　封面书名为《孙中山先生论地方自治》的"伪装书"，正申书局出版。其实并没有什么"正申书局"，只有国民党的正中书局，这是以错字的方式隐晦地伪装。书内收《严惩战争战犯》《用国法制裁汉奸特务和战犯》等24篇中国共产党人有关抗战的文章

右下图　封面书名《大乘起信论》的"伪装书"，北京佛教总会印。实际该书为新中国成立前夕国统区地下党出版的图书，为躲避国民党当局的查封故以佛经为名，书内收毛泽东主席所写的《新民主主义论》与《论持久战》两篇文章

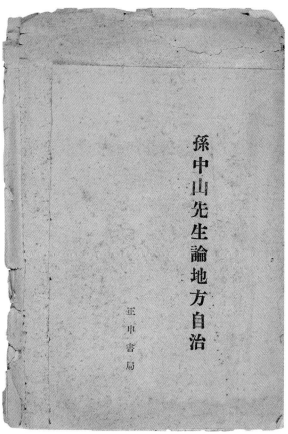

孫中山先生論地方自治

亞申書局

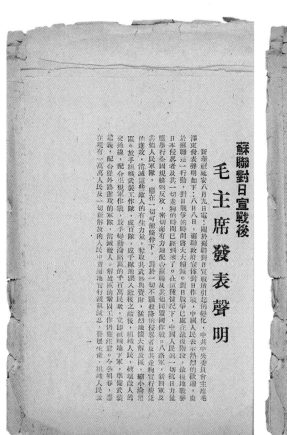

蘇聯對日宣戰後

毛主席發表聲明

新華社延安八月九日電。關於蘇聯對日宣戰所引起的變化，中共中央委員會主席毛澤東發表聲明如下：八月八日，蘇聯政府宣佈對日作戰，中國人民表示熱烈的歡迎，由於蘇聯這一行動，對日戰爭的時間將大大縮短，對日戰爭已處在最後階段，最後地戰勝日本侵略者及其一切走狗的時間已經到來了。在這種情況下，中國人民的一切抗日力量應舉行全國規模的反攻，密切而有力地配合蘇聯紅軍及其他同盟國作戰。八路軍、新四軍及其他人民軍隊，應在一切可能條件下，對於一切不願投降的侵略者及其走狗發動廣泛的進攻，消滅這些敵人的有生力量，奪取武器與資財，猛烈地擴大解放區。放手組織武裝工作隊，成百隊、成千隊地深入敵後之廣大淪陷區，組織人民，配合正規軍作戰，放手變動淪陷區的千百萬民眾，立即組織起來，準備武裝起義，配合從外路進攻的軍隊，解放所有的淪陷區土地，硬備敵人的交通線，消滅敵人，解放敵區的武裝人民及一切新解放的人民，應在現有一萬萬人民及一切新解放的人民及

一

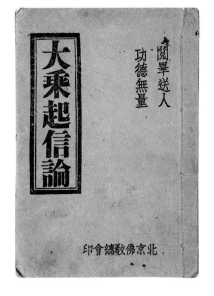

閱畢送人

功德無量

大乘起信論

北京佛教總會印

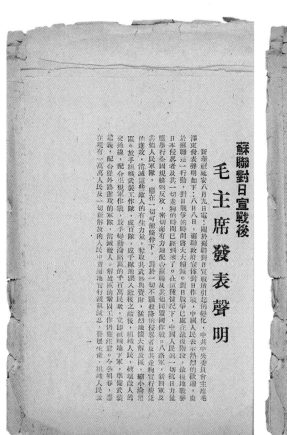

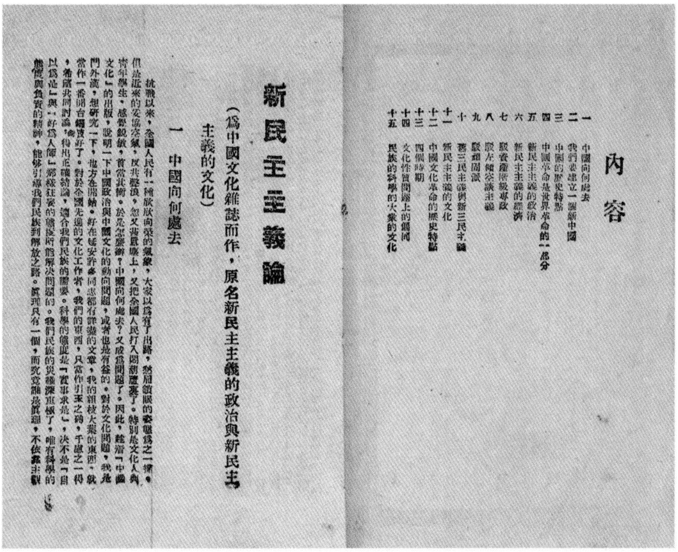

內容

一　中國向何處去
二　我們要建立一個新中國
三　中國的歷史特點
四　中國革命是世界革命的一部分
五　新民主主義的政治
六　新民主主義的經濟
七　駁資產階級專政
八　駁「左」傾空談主義
九　駁頑固派
十三　中國文化革命的歷史特點
十四　文化管閥與上的偏向
十五　民族的科學的大眾的文化

新民主主義論

（為中國文化雜誌而作，原名新民主主義的政治與新民主主義的文化）

一　中國向何處去

抗戰以來，全國人民有一種高漲的希望，以為中國有進步了。但這進步在何處去，……（以下文字漫漶不清）

部便发出《关于广泛印发〈评《中国之命运》〉的通知》，全文为："各中央局、中央分局，并转各区党委：陈伯达同志《评〈中国之命运〉》一文，本日在《解放日报》上发表，并广播两次。各地收到后，除在当地报纸上发表外，应即印成小册子（校对勿错），使党政军民干部一切能读者每人得一本（陕甘宁边区印一万七千本），并公开发卖。一切干部均须细读，加以讨论。一切学校定为必修之教本。南方局应设法在重庆、桂林等地密印密发。华中局应在上海密印密发。其他各根据地应散发到沦陷区人民中去。一切地方应注意散发到国民党军队中去。应乘此机会作一次对党内党外的广大宣传，切勿放过此种机会。"

国民党的中宣部把蒋介石的《中国之命运》列为"必读之课本"，共产党的中宣部则把陈伯达的《评〈中国之命运〉》列为"必修之教本"，两个中宣部的对台戏上演。

这件事背后还有个小"彩蛋"。针对蒋介石《中国之命运》中的主题"没有国民党，就没有中国"，1943年8月25日，延安《解放日报》刊登了针锋相对的社论，题为"没有共产党，就没有中国"。河北才子曹火星看到社论，充满激情地编了一首歌《没有共产党，就没有中国》。歌曲节奏明快，歌词直白，朗朗上口，很快就流行开来了，连毛泽东的女儿李讷都会唱了，在家中唱了起来。毛泽东一听，认为不妥，因为早在有中国共产党之前就有了中国，所以这里存在语病。于是，毛泽东建议增加一个"新"字，即"没有共产党，就没有新中国"。一首脍炙人口的红色歌曲就这样诞生了。这首歌迄今仍在中国广泛传唱着，只是很少有人知道这首歌最初是从与蒋介石《中国之命运》的论战引起，并且还与毛泽东有关。北京市房山区还专门建了没有共产党就没有新中国纪念馆，该馆于2019年9月入选全国爱国主义教育示范基地。

后来，延安中央印刷厂把集中批判蒋介石《中国之命运》的文章印刷成小册子，而且就用国民党出版的《中国之命运》的封面、开本、装帧进行伪装，印刷了一批，发行到国统区，在书摊上公开出售，创造性地展开了一次经典的"伪书""宣传战役",竟然还闹出了一场政治风波。国民党的一个政治学校的同学们到图书馆借书,同样的书名,有的人借了蒋介石的书,有的却借了延安中央印刷厂印的书。于是,在学校组织的讨论会上,学生们各持所读观点,引起争论。持批判蒋介石观点的人自然要受到追查,追来追去,由于书是从学校图书馆借来的,最后只好不了了之了。(吴道弘辑注:《中国出版史料·现代部分》第 2 卷,第 313 页)这一时期,延安中央印刷厂还陆续印刷出版了一批宣传革命思想的伪装书:有的封面书名为《劝世名言》,还有封面伪装为《三娘教子》《彭公案》等的戏曲唱本和旧小说的革命书籍和宣传品。

这次针对性的"伪书"成功案例,展示出中国共产党新闻舆论宣传战线同志们严谨、高效的工作作风,被称为共产党和国民党中国之命运的舆论决战。

三、首个红色书籍展览

　　陕甘宁边区在成立初期自身环境封闭，经济文化严重落后。日益壮大的军队和机关人吃马喂的物质需求和不断增长的文化需求，使边区政府经历了严峻的考验。共产党人面临选择：要么自己动手，要么解散饿死。在这样的背景下，提高生产力，动员积极性成为摆在共产党人面前的紧迫难题。传统的宣传手段，生硬的行政命令效果有限，尤其是对于当时边区文化水平较低、思想僵化保守的民众来说，"眼见为实、耳听为虚""无图无真相"是他们的基本心态。因此需要以一种群众喜闻乐见的方式开展思想宣传工作。通过民众看得见摸得着的展品，通过举办各种形式的展览会，传播科技文化，普及印刷技术知识，教育动员民众。在这样的背景下，为传播科技文化、鼓励战时生产、改善卫生条件、教育发动民众，推动边区建设发展，1938 年元旦，延安第一届展览会，即延安市工人制造品竞展会开幕。在展览会之前，组织方印发了《缘起书》。书中阐明了办展览会的宗旨："第一，要推动各项工业之发展。第二，宣传对劳动的新认识。第三，要使边区推进经济建设发展工业成为全国之模范。"

　　在这次展览会上，中央印刷厂将产品的展示做成了一个小型的专题展览——"你知道书是怎样炼成的？"展览分为 11 个单元："1. 刚刚铸好但没有锉好的铅字；2. 已经锉好的铅字；3. 一个一个的铅字被排成原版；4. 美丽的花边是工人刻成的；5. 从原版上打下的纸版；6. 再由纸版铸成铅版；7. 一版一版地印成书报；8. 书中的图表有时是石印的，有时是木刻部工友的制成品；

9. 一张一张地折成书 ; 10. 刚刚装订的书 ; 11. 加上美丽的封面，这些封面大都是石印部的出品。"最后，用"一切好了，完成了一本书"的横幅结束。同时还展出了《解放》合订本和《新中华报》。

解放战争时期延安边区报纸插图木刻版与版画《念书》。《延安革命纪念馆木刻版画集》，中国画报出版社，2013

　　展览为期三天。1月3日，毛泽东和陈云在闭幕式上分别发表了演讲。毛泽东说："过去抗战部分失败，我们的国防工业不如敌人，也是一个原因。将来要最后战胜敌人，一定要发展国防工业。所以我们这个国防工业的展览会是很有意义的。"要知道，在革命时期，因为印刷业的新闻和文化属性，造纸和印刷都属于国防工业。中央印刷厂这个别致新颖的专题展，既有技术味，又有文化味 ; 既展示了产品，又普及了知识。经过评判委员会评选，中央印刷厂获得团体第一名，奖状上印有毛泽东的亲笔题词："国防经济建设的先锋"。

第一次展会相当于"试水"。1939年5月1日，陕甘宁边区第一届工业展览会在延安桥儿沟开幕，毛泽东等出席开幕式并发表演讲。中央印刷厂仍然参加了展出，送展的产品有纸版、铅版、拼好的活字版及印刷、装订完工的报纸、书籍等。这些丰富的展品将印刷生产的过程直观地展示在大众面前。5月12日，边区工业展览会在中央大礼堂完美闭幕，中央印刷厂最终获"团体特等奖"，排字部副主任李克谦则获"个人劳动英雄奖"。此后，展览会定型，每年举办一次。1940年1月16日，边区第二届工农业展览会在延安新市场开幕，此次中央印刷厂参展的展品包括：从排字到出版的半成品与成品，从工人的工作、学习到日常生活，使所有参观人直接感受到印刷工友艰苦的工作环境，全面反映了印刷工人在艰苦的环境中，同困难作斗争的英雄事迹。1943年12月26日，第三届边区工农业展览会举办，中央印刷厂再次参展，此次主要以体现"自力更生、丰衣足食"精神的自造印刷器材为主。中央印刷厂自制的油墨在本届展览会上荣获乙等奖。

只要局势相对稳定，"红色图书"的出版发行就能进入一个规范化和制度化发展期，其首要原因源于中国共产党对印刷出版工作的高度关注。抗战时期，仅陕甘宁边区出版的"红色图书"就达321种。

抗战期间延安中央印刷厂排印的"红色图书"及印件统计资料

图书类别	图书与印件名称
马恩列斯著作	《两个策略》《共产主义运动中的"左派"幼稚病》《二月革命至十月革命》《国家与革命》《列宁主义问题》《列宁革命概论》《马克思主义的三个来源与三个组成部分》《法兰西内战》《共产党宣言》《反杜林论》《哥达纲领批判》《德国农民战争》《列宁选集》《斯大林选集》《〈资本论〉提纲》《战争与策略》《论民族问题》《社会主义与战争》等28种。
抗日战争丛书	《抗日游击战争的战略问题》《论持久战》《抗日游击战争的战术问题》。
时事问题丛编	《战争中的日本帝国主义》《日本帝国主义在中国沦陷区》《抗日民族统一战线指南（一、二）》《东北联军抗日经验》《共产国际七次决议案》《斯大林与红军》《中国近代史参考材料》《政治常识》《国民精神总动员应有的认识》等23种。
政治理论书籍	《整风文献》《论共产党员的修养》《论联合政府》《论党》《论解放区战场》《党章》《中国的四大家族》《评〈中国之命运〉》等12种。
政策文件及内部学习文件	《六大以来》《两条战线》《经济问题与财政问题》《共产党人》《中国常识》《党的建设》《政治读本》《初级读本》等11种。
文学艺术传记	《海上述林》《烈士传》《钢铁是怎样炼成的》《李有才板话》《一个女人翻身的故事》《水浒传》《红楼梦》等。
课本	边区教育厅各种中小学课本，新文字课本。
各种证券	延安光华商店代价券、陕甘宁边区银行钞票、粮票、草票、料票、土地证。

资料来源：吴道弘辑注：《中国出版史料》第2卷，第349~350页

四、小红本党章

众所周知，1921年7月，中国共产党第一次全国代表大会因遭法租界巡捕的袭扰，从上海转移到嘉兴南湖的一条游船上继续举行，就是在这条游船上，伟大的中国共产党诞生了。中共一大通过了中国共产党纲领，它虽然不是正式的党章，但包含了党章的内容，规定了党的名称、性质、任务、纲领、组织和纪律，具有党章的初步体例，实际上起到了党章的作用，为后来党章的制定和完善奠定了基础。1922年7月在上海召开的中国共产党第二次全国代表大会，讨论和通过了《中国共产党章程》。这部章程是中国共产党第一部比较完整的章程，共6章，29条。之后，每届党的全国代表大会都会根据时代的变化和需要对党章进行适当修改。

在中国共产党成立之后的一段时间内，由于条件所限，并没有公开印刷发行《中国共产党章程》，多是由各级党组织秘密传播。

《中国共产党党章及关于修改党章的报告》，1947年中共晋察冀中央局印刷出版

有党员同志通过借阅的方式自己手抄一本党章，也有的党组织用油印印刷少量的印本发放。1945 年 4 月至 6 月，在延安召开的中国共产党第七次全国代表大会通过的《中国共产党党章》，是中国共产党独立自主制定的第一部党章。这次会上通过的党章编辑成册后，正式公开印刷发行。现存的最早印刷的版本为铅印，全部采用繁体字，内文为竖排。七大上通过的党章第一次把毛泽东思想作为指导思想写入总纲，标志着党在政治上和党的建设上的完全成熟。党章公开印行之际，一般每个党支部才有一本，要学习党章，需向支部借阅，阅后返还。自党章正式公开印刷发行以来，历届党代会之后，印刷发行新版的党章成为惯例。

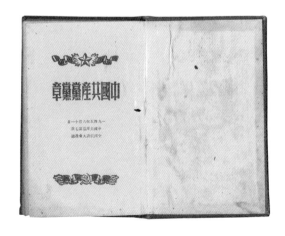

1945年党的七大通过的党章，
1950年由解放社印行

1982 年召开的中共十二大审议和通过的党章，也是党章发展史上继七大、八大党章之后又一个里程碑，是现行党章的蓝本。之后，党章基本内容保持稳定，在党的生活中发挥着重要作用。把入党誓词正式写进党章，就是在十二大通过的党章里。中国共产党成立后，各时期的入党誓词经历了多次修改。但自党的十二大正式将入党誓词写进《中国共产党章程》，到党的十九大新修订的《中国共产党章程》，誓词内容都没有变化。

十七大以前，党章印本尺寸基本上都是 128 开，套红色塑封的"小红本"。十七大的党章统一采用深红卡纸、烫金处理的封皮，不再加塑料封套，开本以 64 开为主，同时也印发 32 开的白色封面的读本，字号也随之增大，阅读体验更加舒适。近几版党章看起来都非常相似，但实际上每一种版本的党章的封面也都有不同。即使是十八大党章和十九大的党章也略有不同。细心的读者，你看出来十八大党章与十九大党章在封面设计上有哪些不同了吗？

人民出版社出版发行的八大至
十九大的《中国共产党章程》

五、红星照耀中国

　　这里要介绍的红色经典是《红星照耀中国》，但是，图中封面却显示书名为《西行漫记》。是不是搞错了？并没有。两个不同的书名其实是同一本书。为什么要起两个名字呢？其实，这也算红色书刊的一种"伪装"。

　　1936 年 6 月，经宋庆龄和华北地下党组织的帮助，一位在中国已经工作、生活了八年的外国记者，带着一封用隐色墨水写给毛泽东的介绍信，外加"两架照相机、24 盒胶卷，还有足够的笔记本"，由北平秘密出发，开始了传奇的陕北保安之行。他由翻译陪同，在陕甘宁边区进行深入采访，以了解根据地军民的战斗、生产、学习和生活。他用"激将法"让毛泽东同志亲口讲述了自己的历史，还采访了彭德怀等红军高级将领，详细记录了长征中许许多多艰苦卓绝、感人至深的英雄故事。4 个月后，他依依不舍地惜别延安，带着生动鲜活的一手素材——十几个记录本和大量照片，回到北平盔甲厂（现北京东城区盔甲厂胡同 6 号）的家中。他在夫人的全力配合下，排除外界干扰，整天待在一间小屋里，争分夺秒、夜以继日地整理笔记、精心构思、潜心写作，终于完成了约 30 万字的报告文学。

　　这位第一个冒险访问陕北并向世界全景式客观报道"红色中国"与长征英雄事迹的年轻人，就是中国人民真挚的朋友、美国作家埃德加·斯诺，这部一经面世即轰动世界的作品就是《红星照耀中国》。

　　《红星照耀中国》英文版名为 *Red Star Over China*，1937 年 10 月首先在

右图　1938年2月复社初版《西行漫记》
版权页

下左　布面精装1938年2月复社初版《西
行漫记》

下右　1938年2月复社初版《西行漫记》
书名页

第一版二〇〇〇册（精装本）

內道林紙特印本編號　一——三〇

西行漫記

美國斯諾著

二十七年二月十日付印·二十七年三月一日發行

精裝實價二元五角·復社印行

RED STAR OVER CHINA

by Edgar Snow

愛特伽·斯諾著

西行漫記

復社藏版

1938

伦敦面世，短短一个月就连印 5 版，发行超过 10 万册。1938 年 2 月，美国兰登出版社再版时，斯诺增写了第 13 章《旭日上的阴影》，在美国也立刻成为有关远东非虚构作品中的热门畅销书。美国历史学家拉铁摩尔（Owen Lattimore，1900—1989）称赞《红星照耀中国》："它像焰火一样，腾空而起，划破了苍茫的暮色……原来还另外有一个中国啊！"诺贝尔文学奖获得者、女作家赛珍珠（Pearl S. Buck，1892—1973）也赞叹《红星照耀中国》"非凡记述的每一页都富有意义"。而著名刊物《时代》（TIME）则载文："斯诺对中国共产主义运动的发现和描述，与哥伦布对美洲的发现一样，是震惊世界的成就。"美国罗斯福总统看完该书后，曾于白宫三次主动召见作者，与他亲切交谈，并向其征询有关支援中国抗战的问题。

但当时，要在中国出版这本描写红色中国的书实在太难了。这种红色书籍，没有哪家出版社敢出。1938 年 2 月，在中共地下党的支持下，由胡愈之出面主持，大家集体商量，决定成立个出版社，于是复社就这样成立了。社址设在胡愈之家里，成员还有郑振铎、许广平、张宗麟、周建人、王任叔等 10 多人，张宗麟任总经理。为了抢时间，他们把书拆开，12 人同时翻译。全书 30 万字，不到一个月翻译完毕。书译完了，出版社也有了，可是还没有印书的经费，怎么办？他们想了三个办法，一是复社成员每人捐几十元；二是向读者卖预约券，书定价 2.5 元，如果用预约券买，只需 1 元；三是请上海"大亨"杜月笙先生资助 1000 元，这笔钱起了很大的作用。这是一本 30 万字的厚书，印刷也是个大难题。因为彼时上海沦陷，商务印书馆迁走了，很多印刷工人失业，胡愈之找来一些熟悉的工人帮忙。在艰难的环境中，不到两个月，他们完成了翻译、印刷全部工序。为避免查禁、便于流传，中译本更名为《西行漫记》。复社印刷出版的第一版为 12 章 56 小节，书中还配有斯诺在陕北所摄的 49 幅珍贵照片，包括大量英文版没有的照片，另附两张描绘精致的长征路线图和西北边区图。该书虽秘密印行，却不胫而走，尽管条件有限，但是排版细致、印迹清晰，大受欢迎，短短 10 个月即印行 4 版，发行 5 万册，在国内及国外华侨聚集地传阅。

《红星照耀中国》是西方记者对中国共产党和红军的第一部采访记录，也是新闻史和报告文学史上里程碑式的作品，在中国产生了巨大的反响，成千上万的青年因为读了《红星照耀中国》，纷纷走上革命道路，很多热血青年奔赴延安。《红星照耀中国》的巨大影响，使日本驻上海宪兵队惊恐万分，他们严加查禁，并千方百计搜寻复社成员的下落，逮捕拷打进步文化人，绞尽脑汁，但一无所获，直至 1945 年战败投降，他们也始终没搞明白复社到底是哪家出版社。在国统区，国民党当局也对此书和斯诺的其他著作，严加查禁，不准发行。

这本红色经典在中国多次再版，各出版社的再版版本或叫《红星照耀中国》，或称《西行漫记》，内容也略有不同。例如：1948 年大连光华书店再版复社版，加上了译者附记，全书共 11 章 50 小节。1949 年上海出版了据美国兰登版译出的含第 13 章的两种新译本，即史家康等 6 人所译《长征二万五千里》，和亦愚所译《西行漫记》，新增第 13 章 6 小节文字，着重介绍红军的游击战术。1979年 12 月，北京同时出版两种新的重要译本：一种是人民出版社出版的具有文献性质的版本《毛泽东 1936 年同斯诺的谈话》；另一种是三联书店版、出自翻译名家董乐山之手的《西行漫记》，增补了复社版因故未译的涉及共产国际顾问李德的《那个外国智囊》，使全书还原为 12 章 57 小节。2016 年为纪念红军长征胜利 80 周年，人民文学出版社再次重印了《西行漫记》。

《红星照耀中国》不仅在中国走红，还先后被译成 20 多种文字，在世界范围内影响深远。

六、灰色的红色课本

　　中国共产党始终把出版印刷教科书和通俗读物，当作一项十分重要的工作。百年大计，教育先行。教育面向广大人民群众，特别是青少年和革命战士。因此，在那样艰苦卓绝的战争环境中，中国共产党克服重重困难，始终坚持编辑、出版、印刷各类教科书。为什么我们今天看到的红色教科书大都呈现出青灰色或褐色？主要是由于物资匮乏，印刷水平所限，大多使用没有经过漂白工艺的"土纸"。为什么我们保存下来的红色课本多数残破不堪？那是因为读者的阅读环境及保存条件都很差。为什么我们传承至今的红色课本如此稀少？那是因为印量本来就少而且保存环境恶劣。所以，这些红色课本都是红色文物，值得今人珍藏。

1. 中小学课本

　　战火弥漫的年代，全中国的教育水平普遍不高，各根据地更是低下。像当时的川陕根据地，文化教育事业十分落后。1932 年以前，通、南、巴三县仅有一所"巴中县初级中学"，学生不过 300 人。巴中全县高级小学仅 12 所，入学人数不过千人，文盲率在 90% 以上，妇女的文盲率则达 100%。山里不少人还在采用结绳记事，石子记账。这些文化贫困区，对于印刷品需求很少，印刷厂更是没有生存空间。

　　右上　1947年5月，太岳新华书店编印青年修养读物《思想漫谈集》，封面双色套印，机制土纸，6号字铅印。太岳书店于1941年元旦在山西省沁源县城成立，后改名太岳新华书店，1949年与新华书店太原总分店合并为新华书店山西省分店

红色课本（部分）

抗日战争时期，全国各地的抗日民主根据地都先后建立了小学校，以文化人。为解决教材的供应问题，有的地方还成立了教育出版社，专门出版印刷教科书。1943年，淮南行政公署筹办淮南教育出版社。当时的筹备工作，最重要和最困难的就是印刷环节。所以，直到1944年春，在大家的积极努力下，在根据地货管局的帮助下，终于买到了一台旧石印机和两块石印版，另外还有一台脚踏圆盘印刷机以及相关配套器材。设备有了，还得物色人员。出版印刷工作专业性很强，人员并不好找。此后陆续招来了多位技术工人，包括石印工、缮写员等。直到1944年6月，人员终于基本配齐，淮南教育出版社宣布成立，社址在江苏省淮安市盱眙县。

淮南教育出版社的主要任务是保证供应淮南津浦路东和路西两个专署地区的小学教材，包括初年级国语、高年级国语、常识、算术。另外还承担两个专署的税单、报表和各种抗日宣传品等的印刷任务。出版社制定有各种工作制度，如作息制度，规定每天工作9小时，正式印刷时间为8小时，印前的准备时间和印完后收工时间合计1小时。还有考勤制度，每天都要记载印刷的进度，规定黑色版每天印4开纸800张，彩色套版每天印4开纸600张，圆盘机铅印16开纸每天印8000张。其他各工种工作都以印刷工作为中心，完成各自的任务。例如缮写员必须保证印刷不停版，后勤人员要保证供给和按时吃饭。还有奖励制度，获得奖励的主要是印刷工人，规定黑色版和彩色套版超额100张奖励鸡蛋一个，圆盘铅印机超印1000张奖励鸡蛋一个。

当时全国各根据地的教材印刷最主要是依靠石印。淮南教育出版社最壮大

上图　1944年陕甘宁边区铅印《常识课本》，木刻刘志丹像，用边区生产的马兰纸印刷

下图　1945年晋察冀边区行政委员会教育处审定《国语课本》，高级小学适用，晋察冀新华书店发行，新华印刷局土纸铅印。版权页上面标示：欢迎翻印

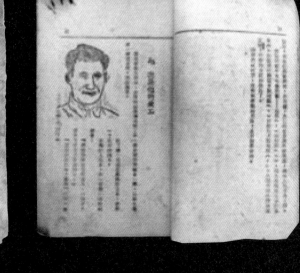

中華民國三十四年十二月初版

高小國語課本第四冊

每册定價

審定者　晉察冀邊區行政委員會　教育處

發行者　晉察冀新華書店

印刷者　新華印刷局

歡迎翻印

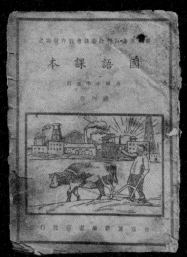

晉察冀邊區行政委員會教育處審定

國語課本

高級小學用

第四冊

晉察冀新華書店發行

教學注意事項

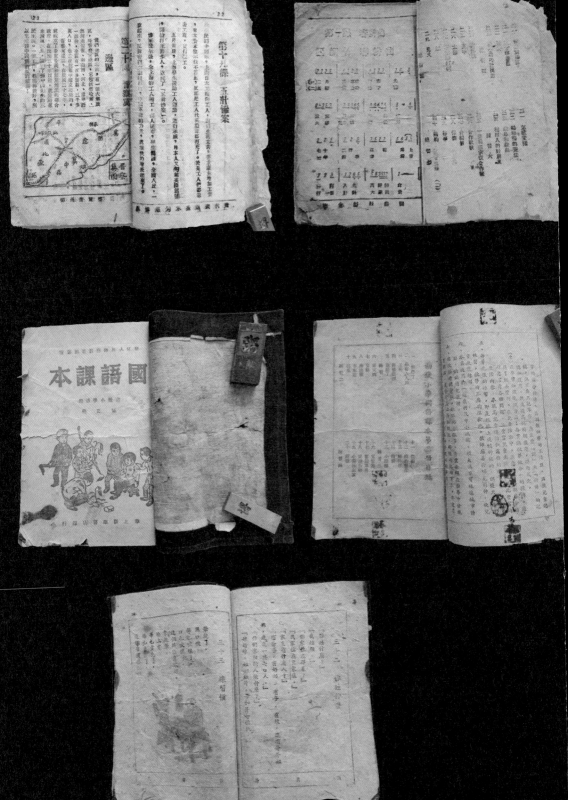

的时期有 5 台石印机、15 块印石，都是用手工操作。石印的制版主要依靠缮写。缮写工作也很辛苦，整天伏在桌上写字。石印是用一种特制的药墨水，在特制的药纸上写字，要求字迹工整，汉文正楷，还不容许有错字和漏字。这些写好的文字，通过化学手段，字迹转移到石版上，就制成石印版。石印时，两人一组，一人掌握油墨辊子上墨，再放纸，然后用棕做的刷子，用力印刷。另外一个人负责"抹水"，就是把印好的纸张轻轻揭下来放好，再用湿布把印石抹一遍，准备开印下一张。"抹水"工作看起来虽然很简单，但是充满技巧。由于今天很多人不了解石印的原理，石印显得很神奇而又神秘。前面的章节介绍过，因为石印是最早的平版印刷，也是现代胶印的前身，它的印刷原理叫作"水墨相斥"，也就是"水油相斥"的原理。所以即便是现代的高速胶印机也是一样，每张纸在印刷之前都会在印版上过一遍水，只不过，很薄、很均，之后还经过干燥工序。所以，在手工石印时代，这个"抹水"的量，"抹水"的厚度，是非常讲究的。水多了，图文部分油墨沾不上；水少了，墨辊滚过去就是"糊版"，一片黑。尽管石印的印刷效率高于油印，低于铅印，但它在中国共产党的革命战争时期，立下了汗马功劳。

左上图　1946年，晋冀鲁豫边区政府教育部审定《初级新课本》国语常识合编第五册，初级小学适用，冀南书店出版，内有多幅版画，手工灰白土纸。铅印

左下图　1949年初，华北人民政府教育部审定《国语课本》第三册，初级小学适用，华北新华书店印行。书内多幅木版画，楷体铅印，字体在红色书籍中较为罕见

生理衛生

編　者　林文彬　英如
審定者　華北人民政府教育部
出版者　華北新華書店
發行者　華北新華書店
總分店　中·冀·邯鄲
分　店　治·長·台·邢·邯鄲
　　　　辛集·安國·鄭州
　　　　河間·石家莊·陽泉
　　　　忻縣·榆次·完縣

一九四八年十二月出版

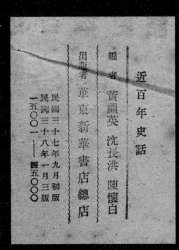

2.战士课本

从开辟井冈山革命根据地时期开始，中国共产党就十分重视红军教育工作。1933 年,闽赣省革命委员会发布第《三十三号训令》指出：在各级政府工作的人，都应当加紧学习，尽量提高自己的文化程度和工作能力。尤其是不识字的工农分子，更要努力识字。还要求每个区、县政府都要设识字班，强迫所有的委员和工作人员努力识字。平均每人每日要至少识 5 个生字，每个识字的人要教不识字的人，程度稍高的要成立读书班。

1938 年 1 月 4 日，毛泽东在中共中央常委会议上说，宣传部的工作第一步是编印士兵教科书和干部读本。1942 年 1 月 17 口，毛泽东为凯丰、徐特立、范文澜编的《文化课本》作序，强调指出："一个革命干部，必须能看能写，又有丰富的社会常识与自然常识，以为从事工作的基础与学习理论的基础，工作才有做好的希望,理论也才有学好的希望。"他还高度评价说:"文化课本出版了，这是一大胜利"，"有了这个课本，就打开了学习文化的大门"，"文化课木的出版，是广大十部的福音"。

左上图　　1948年12月华北人民政府教育部审定，初级中学及师范适用《生理卫生》，华北新华书店出版

左中图　　1948年山东省政府教育厅审定，中学课本及青年自学读物《近百年史话》，华东新华书店出版

左下图　　1948年山东省政府教育厅审定中学课本及青年自学读物《世界史话》，华东新华书店出版

　　据新四军印刷厂的工人回忆，新四军的印刷厂第一次批量印刷发行战士识字课本 3000 册，部队反响特别强烈。许多战士给印刷厂写了感谢信，还有不少人写信说数量太少，每个班两本也不够分配。但是他们不知道，就是这 3000 本每册 100 多页的识字课本，印刷厂的同志们是克服了多少困难才制作出来的。当时的情况是这样：印刷机大多老掉牙，有的甚至是清朝光绪年间制造的机器。这些老爷机，年纪太大了，又得"镶牙"又得"补眼"。铅字更是不全，当时没有铸字机，所以刻字工人最忙，整天埋头伏在案上刻字，刻了大的又刻小的，刻完宋体又刻楷体。机器上纸张要用手一张一张喂，一张一张取。装订没有切纸机，装出来的书都是毛边本。可是任何困难都没有难倒印刷战士，他们创造了土铸字模的办法，解决了缺铅字的问题，做出来的字不合规格，他们就用钢锉磨，磨成大小高低相同的字体，手指磨破了，用纱布包着继续磨……

七、国难后复兴版

1932 年 1 月 28 日晚，日本海军陆战队突然侵犯闸北，挑起了"一·二八"战事。第二天上午 10 时，多架日本飞机盘旋在商务印书馆上空，投下了 6 枚炸弹，商务印书馆总厂全部被炸毁，并波及东方图书馆、编译所、尚公小学。2 月 1 日早上 8 时，日本浪人更是潜入东方图书馆纵火，焚毁了全部藏书。商务印书馆经此次劫难，损失惨重，被迫停业。

"欲亡其国，必先灭其历史。欲灭其族，必先灭其文化。"日本第一外遣舰队司令官兼特别陆战队司令官盐泽幸一叫嚣道："烧毁闸北几条街，一年半年就可恢复。只有把商务印书馆这个中国最重要的文化机关焚毁了，它才永远不能恢复。"

那一天，儿童文学作家陈伯吹站在离宝山路三里多远的七浦路北新书局阳台上，望着冲天的火焰，焚余的纸灰横飞四处，他在阳台上拾起一片未烧尽的纸，竟是《辞源》的残页。那一天，上海刮东北风，纸灰飘到了张元济先生家中，他无比悲愤地对夫人说："工厂机器设备都可重修，唯独我数十年辛勤收集所得的几十万册书籍，今日毁于敌人炮火，是无从复得，从此在地球上消失了。"

在这场国难中，商务总厂中数百架印刷机、纸张、存书及各个部门，如第一至第四印刷所、营业部、纸型制造部、制油墨部、藏版部等均被大火烧毁。总厂以外的东方图书馆、编译所和尚公小学等烧成了断壁颓垣、纸灰瓦砾。损失无法用具体数值来衡量。

然而，商务印书馆的一批文化人士，深感在国难当头之际，自己身上所担负的重大责任，他们没有被气势凶恶的敌人吓倒。张元济在致胡适的信中说道："商务印书馆诚如来书，未必不可恢复。平地尚可为山，况所覆者犹不止于一篑。设竟从此澌灭，未免太为日本人所轻。兄作乐观，弟亦不敢作悲观也⋯⋯"时任商务印书馆总经理王云五提出"为国难而牺牲，为文化而奋斗"的口号，并成立东方图书馆复兴委员会。经过半年艰苦努力，8月1日宣布复业。商务印书馆复业那天，"为国难而牺牲，为文化而奋斗"的标语悬挂于河南路的发行所内，路人无不为之动容。

有学者认为：火烧圆明园和商务印书馆被炸，是中国近代史上最令人痛心的文明被摧毁的悲剧⋯⋯

复业后，重印的旧版小学、初中用的全套教科书以"复兴"冠于书名。这批书的版权页上栏发布启事，下栏版次说明中标明："国难后第一版"。启事全文为："民国二十一年一月二十九日，敝公司突遭国难，总务处印刷所编译所书栈房均被炸毁，附设之涵芬楼东方图书馆尚公小学亦遭殃，及尽付焚如，三十五载之经营毁于一旦。迭蒙各界慰问，督望速图恢复，词意恳挚，衔感何穷。敝馆虽处境艰困，不敢不勉为其难。因将需用较切各书先行覆印，其他各书亦将次第出版，惟是图版装制不能尽如原式，事势所限，想荷鉴原，谨布下忱。统祈。垂察。上海商务印书馆谨启。"

随后，冠名"复兴版"的新教科书系列涌向全国。当时《纽约时报》评论商务印书馆："为苦难的中国提供书本，而非子弹。"

上图　国难后第一版《作文论》，商务印书馆，1933年2月印刷发行

下图　1932年8月1日，商务印书馆复业。这一天，"为国难而牺牲，为文化而奋斗"的标语悬挂于河南路的发行所内。见《中国出版家·章锡琛》，章雪峰，人民出版社2016年版

百科小叢書

作文論

葉紹鈞著

王雲五主編

商務印書館發行

民國二十一年一月二十九日

敝公司突遭國難總務處印刷
所編譯所校務所均燬於附設
之涵芬樓東方圖書館尚公學
小學亦遭燬及盡付煨燼如三
五載之經營燬於一旦選庋
各界問督望速圖恢復創意
懇墊街或何繕繕處墙銀
困不勉爲其難因將儲用
較次第出版惟是圖版各書
赤將各書先行覆印其他各
不能盡如原式事勢所限想荷
鑒原隆布下忱統祈垂詧

上海商務印書館謹啟

中華民國十三年二月初版
民國二十一年四月國難後第一版

小叢書作文論一册
（一內六志）
每册定價大洋貳角
外埠酌加郵費匯費

著作者　葉紹鈞
編輯主幹　王雲五
發行者　商務印書館
印刷者　商務印書館　上海河南路
發行所　商務印書館　上海及各埠

三五〇二號

八、《少年印刷工》

中国著名作家、革命文艺的卓越代表之一茅盾是从儿童文学创作开始登上文坛的。他从北京大学毕业以后，进入商务印书馆编译所工作，之后在《小说月报》杂志社任编辑、主编，1923年转商务印书馆国文部工作。这样的经历下，茅盾对印刷的程序和技术了如指掌。此外茅盾的祖父沈恩培在浙江乌镇开设了一家"泰兴昌"纸店，自然他从小就与造纸业有着特殊的关联和感情。所以茅盾以《少年印刷工》为题进行文学创作是顺理成章的事情。这部小说是1936年为开明书店《新少年》杂志特别撰写的，讲述了一个失学少年通过工作成长为一个印刷工人的故事。茅盾认为，印刷工人是工人阶级中最有可能接触先进思想和知识的一个阶层，一旦他们了解了社会的真相，也最有可能成为革命的一分子。小说中的赵元生就是这样一个从印刷学徒成长起来的革命者，他从造纸厂到印刷厂，在排字过程中接触到进步报刊，从中接受革命思想的熏陶，最后和一个叫"老角"的革命者走了，走了他自己应该走的道路。茅盾与印刷业、造纸业的情缘，使得他的《少年印刷工》情节细腻，真实可信，成为茅盾儿童文学理论实践的代表作品之一。不过《少年印刷工》在茅盾生前一直没有出版，直到1982年才出版单行本。

美国俄亥俄州立大学历史系副教授芮哲非（Christopher A.Reed）在其所著的《谷腾堡在上海：中国印刷资本业的发展（1876—1937）》一书中认为："近代西方印刷术为反清以及后来的改革和革命家提供了物质基础，使他们能够迅

速传播自己的主张而不被当局者发现……与传
教士所期待的不同，印刷技术并没有在中国
建立起一个基督教王国，反而促成了共产党政
权的成功。"其实，茅盾的《少年印刷工》背
后也隐含了这样的观点。故事背景是1935年
抗日战争全面爆发前夕。其前沿触角却伸展到
1932年"一·二八"上海事变。主人公赵元生
有着从小失妹丧母的悲惨身世，父亲的小店倒
闭后父子三人衣食困顿的不幸遭际，因而，年
少的他就要为生存而在困境中挣扎。茅盾借助
赵元生从造纸厂到印刷厂这两度就业、两度追
求及其失败的过程描写，一方面揭露了黑暗的
社会制度和阶级的压迫，一方面赞扬了少年赵
元生所体现的不断追求、昂扬向上的奋进精神。
作为儿童文学作品，《少年印刷工》的核心意
义就是"把现代机械所能做到的'奇迹'去代
替神仙武侠的'奇迹'，把少年人好奇爱热闹
的心理转一个方向"。这是他在自己所作的《本

上图　1936年开明书店出版《新少
年》，其上连载茅盾所著的《少年印
刷工》

下图　《少年印刷工》，少年儿童出
版社1982年4月版

文提要》里所说的。这样的创作目的实在是伟大！他不仅能看到印刷机能创造奇迹，还能想到引导青少年的好奇心。当今，追星、沉迷游戏等不良的社会风气突显青少年的人生观、价值观亟待"文化"，青少年的爱国情感和创造创新精神亟待引领。茅盾创作《少年印刷工》的出发点是极具当代价值的，值得当代作家和编剧们学习！

为了表达"把少年人好奇爱热闹的心理转一个方向"这一内容，收获这一效果，茅盾系统地把造纸工业和印刷工业的工业流水线过程详细地展现出来，这些工业细节，都是当时的"高科技"。故事的后半部分，当赵元生遇到了"老角"，一位经历过革命洗礼的老工人，在秘密排印一份抗日救国的小报时，他看到了另一个世界，最终跟随"老角"离开印刷厂，开始新的职业。虽然故事到此就结束了，但也给读者留下了无限的想象空间。赵元生是跟随着走上了革命之路吗？

对印刷出版饱含深情的茅盾还写过一篇小说《第比利斯的地下印刷所》，收录在他 1948 年出版的《苏联见闻录》中。文章用简洁精练的文笔，描述了1903 年斯大林等人在格鲁吉亚首都第比利斯郊区创建秘密印刷所、从事革命活动的情形。

《于振善尺算法》，1948年5月晋察冀新华书店印刷出版

九、于振善尺算法

1909 年清末之际，河北保定清苑区农村，一户贫穷的人家生了个男孩子，起名叫于振善。于振善上了三年小学便因家贫辍学，后来学习木工，成了一名小木匠。1927 年他远离家乡，赴黑龙江省黑河县拖拉机厂做工，与机械结缘，加上木匠功底，他画下许多机械构造图。九一八事变后，于振善决定远离日寇占领的地方，回到老家，继续从事农业机械的研究。他凭借自身的聪明才智，为边区的各项事业发展添砖加瓦。在反日寇"扫荡"时期，要埋粮食，坑挖大了费时间，坑挖小了，剩下粮食容易暴露，他就自己摸索着"发明"了数学家早已发明而他却全不知晓的对数。1947 年，他创造了"尺算法"，并先后制成方形、圆形和长形计算器，计算十分快捷。"尺算法"在解放战争、土地改革中广泛应用。自 1947 年开始，木匠于振善的人生"开了挂"。冀中行政公署向他颁发了奖状、奖金，并将"尺算法"命名为"于振善尺算法"。

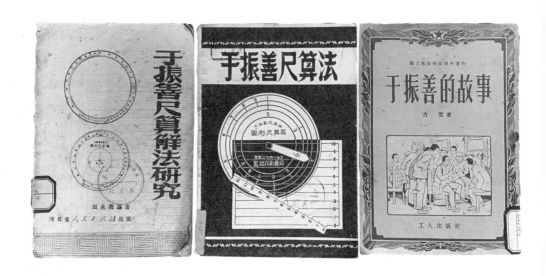

20世纪50年代于振善尺算法多次成书出版

1948年5月晋察冀新华书店出版《于振善尺算法》。1949年于振善到天津北洋大学和南开大学学习。1950年9月25日，于振善出席全国工农兵英模代表大会。1950年、1963年《于振善尺算法》再版，并作为教材编入中学的辅助课本，还被收录在上海《大公报》出版的《中国的世界第一》第四册。

1959年于振善又创造了"数块计算法"，接着又发明了"划线计算法"。1961年他应河北省政府之聘，到河北大学数学系工作。1962年他又把"划线计算法"和算盘结合起来，发明了"杆珠计算法""复式珠算法"和"快准计算法"，创造了连乘连除和立方立体划线法模型。其事迹及算法，先后刊登在《人民日报》《科学杂志》《科学通讯》《人民画报》等报刊上，并被译为英文、法文、西班牙文等不同文字介绍到世界各地。

1948年5月由晋察冀新华书店印刷出版的《于振善尺算法》是该书的最早

版本，同时也是以晋察冀新华书店名义印刷的最后一批书。为什么这么讲？这要从晋察冀新华书店的经历说起。1941 年，晋察冀分局决定建立晋察冀新华书店，与晋察冀日报社发行科为一套人马，两块牌子。最早的晋察冀新华书店设在灵寿县陈庄。书店成立与开业的时间，选在 5 月 5 日，这一天是马克思的生日，当时被中共中央定为边区学习节。5 月 7 日《晋察冀日报》还刊登了"新华书店晋察冀分店成立启事"，全文为："本分店准备经月，现定于五月五日学习节正式成立，开店营业。今后当本服务于大众之精神，努力推广边区文化出版事业，切望边区文化教育界先进及各界同胞多予扶持与赞助为幸。五月五日。"

1945 年 8 月 23 日张家口解放后，晋察冀新华书店随同报社一起进入张家口市。由于接收了日军在张家口的两个大印刷厂的先进印刷设备，中共的印刷出版水平和能力得到了极大的提高，不仅有了彩色胶印的能力，也有了高速轮转印刷机。也因此从这个时期开始，印书和印报逐步分开，形成两个平行的印刷厂。1946 年 10 月，国民党军队进攻张家口，中共在经营一年之后撤出张家口。1947 年春，晋察冀新华书店总店在晋察冀日报社印书厂的基础上成立，下设印刷厂。这样，总店主要有两大职能：印刷和发行。1948 年 6 月，晋察冀边区与晋冀鲁豫边区合并，两区书店也同时合并，成立华北新华书店总店。从此，书籍的版权页上，只能看到"华北新华书店"，再无"晋察冀新华书店"之名。

十、西柏坡印"标准本"

这本《目前形势和我们的任务》，覆着淡黄色封面，内页用土纸印刷的小薄册看起来很不起眼，但它却弥足珍贵。因为它是中国出版史上一个技术转折的标志。

过去各解放区新华书店对马列经典和中央文件，大都是自编自印，由于编辑及校对的条件所限，版式各异、差错不少。1948年，全国解放在即，党中央开始抓出版物的规范统一。6月5日，《中共中央关于宣传工作中请示与报告制度的决定》发布，强调对出版工作的领导，要求："凡各地用党及党的负责同志名义所出版的书籍杂志，在出版前，应分别种类送交党的有关部门审查"，"中央负责同志已正式公布的著作，各地在编辑或翻译时，亦须事前将该著作目录，报告中央批准。并请作者重新加以校阅或修改"。平津战役胜利之后，中共中央又指示："把解放区出版事业统一起来，把编印马恩列斯文献及中央重要文献之权统一于中央，消灭出版工作中各自为政的无政府状态。"

同年8月，中共中央以解放社名义编辑完成中央文件选集《目前形势和我们的任务》，交华北新华书店出版，大量印行。为什么交给华北新华书店呢？1948年春天，随着晋察冀和晋冀鲁豫两个解放区合并为华北解放区，两区的新

上图　最早的标准本——《目前形势和我们的任务》，解放社编辑，华北新华书店印刷发行，1948年9月出版

下图　《目前形势和我们的任务》，1948年华东新华书店自标准本翻印

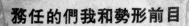

目前形勢和我們的任務

·標準本·

解放社 編

一　中共建威人士對目前時局
二　中國人民解放軍宣言
三　中共中央毛澤東主席對中國
四　中共中央關於目前局勢的決定
五　目前形勢和我們的任務
六　一九四八年土地改革文件的決定
七　中共中央關於土地改革中各
八　中央關於「五一」勞動節口號
九　中共中央關於土地改革工作
十　目前形勢和我們的任務
十一　一九四八年土地改革與整黨
十二　中共建威人士關於收復政策
　工作的發言農業生產與救災
　人物故鄉當年的經濟狀況和第三年的任務

華北新華書店印行

目前形勢和我們的任務

務任的們我和勢形前目

編　輯　者　　　解　放　社
出　版　者　　　華北新華書店
發　行　者　　　華北新華書店
分　銷　處　　　冀中·邯鄲·
石家莊·察哈爾(易縣)·辛集·河間·
安國·鄭州·邢台·長治·陽泉·渾源·

一九四八年九月出版

〔1〕1—5,000

目前形勢和我們的任務

編輯者　　解放社
出版者　　華北新華書局
　一九四八年八月三版一萬冊
　一九四八年十一月四版五萬冊
　四版總摹用華北新華書
　店紙型本紙版翻印

本書所收集的，是一九四七年五月至一九四八年七月，
關於我黨政策的十四個重
要文件。這些文件過去各地發表時，因為電訊傳遞的關
係，大致或多或少地都錯
漏，現經新華總社根據校正，皇印成冊，作為標準本。各
時，請以此本為準。

編者
一九四八年八月

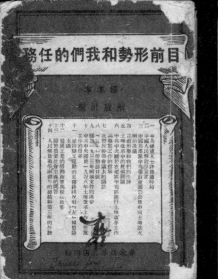

目前形勢和我們的任務

·標準本·

解放社編

本書所收集的，是一九四七年五月廿日起至一九四八年七月止，關於我黨政府所發佈的幾個重要文件。這些文件代表著全部務重要號召，因為是訊息傳播各種新聞紙版發表，又或以或多或少由各種報紙雜誌及傳單印成冊，爰印成冊，作為標準草案，各縣於印行時以供各地應用。

編者　一九四八年八月

目錄

目前形勢和我們的任務
·標準本·

編　者　解放社
發行者　新華書店

一九四九年五月北京初版
一九四九年十一月北京四版

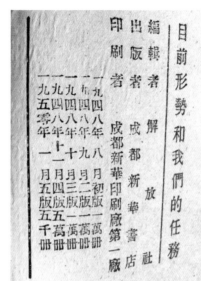

华书店随后合并为华北新华书店总店，由华北局领导。中共中央、中央军委移驻河北平山西柏坡后，中央宣传部出版组并没有出版发行实体，因此，从一定意义上说，华北新华书店总店当时承担了中央新华书店的工作，继而代行了新华书店总店的职能。

这一版《目前形势和我们的任务》的特殊之处就在于封面标明了"标准本"字样，这是中国共产党领导下的出版业走向规范统一的标志。

华北新华书店用铅活字排版、校对、印刷标准本之后，不仅发到全华北地区，

上图　《目前形势和我们的任务》，1950年1月成都新华书店自标准本翻印

左页上　《目前形势和我们的任务》，1949年3月华北新华书店自标准本翻印

左页下　《目前形势和我们的任务》，1949年11月新华书店自标准本翻印

还打了 6 套纸型供全国各解放区新华书店浇铸出铅版翻印发行，以保证与标准本内容及版式完全一致。正如书内醒目的大红色编者说明页中指出的那样："本书所收集的，是一九四七年五月至一九四八年七月，关于我党政策的十四个重要文件。这些文件过去在各地发表时，因为电讯传达的关系，大都或多或少地有些错漏，现在经新华总社根据原稿校对，汇印成册，作为标准本。各解放区翻印这些文件时，请以此本为据。编者，一九四八年八月。"

《目前形势和我们的任务》这本革命转折时期的重要政策文件集，不仅成为当时新闻舆论、宣传思想工作的指南，也对干部队伍的政治教育起到了巨大的作用。而且对于出版工作本身，也是一座里程碑。一直到中共中央机关进北平后，各地还大量印行此书。可以说，诞生于西柏坡的"标准本"，见证了中国的印刷出版业从这里走向全国，实现集中统一规范管理的历史征程。

第五章

红色传单印刷

传播学的奠基人之一美国人哈罗德·拉斯韦尔通过对第一次世界大战宣传战的研究认为："现代战争必须在三个战线展开：军事战线、经济战线、宣传战线。"抗日战争全面爆发后不久，毛泽东便强调指出，开展普遍、深入和经常的宣传工作对于争取抗战胜利具有"头等重要"的意义，"这是一件绝大的事，战争首先要靠它取得胜利"，"我们之所以不惜反反复复地说到这一点，实在是没有这一点就没有胜利"。据统计，中国共产党至今所使用的宣传方法达60多种。其中，书报刊重点是宣传政策主张凝聚民心、鼓舞士气，而对于敌人的宣传，传单就是最好的方式。1942年12月10日《中宣部对各地出版报纸刊物的指示》指出："对敌伪宣传应以传单、不定期印刷物为主，不必办专门的定期刊。"

　　一般来说，人们把用通俗的文字，有时配以图画，做简明扼要的说明或写或印在小幅面的纸上，并向目标对象散发的出版物称为传单。传单具有制作廉价、散发随意、隐匿性强、便于传阅、体裁多样等优势和特点。无论处于何种艰苦环境，传单都是最重要的传播手段。所以传单在战争中被称为"纸弹"。这种"纸弹"在第二次世界大战中得到了极致的运用。据研究，第二次世界大战中美国仅仅在对日本的战争中撒下的传单就达三亿份。在中国战场上，自九一八事变以后，日本就开始大量制作、散布传单，国民党的军队深受其害。中国共产党在极其艰难的环境下，组织起各方力量，在抗日战争的第二战场——这个没有硝烟的宣传战场上，创造了辉煌的历史，赢得了最终的胜利。这些红色印刷传单，是战争最直接、最生动的"证人"。今天，让我们透过它们，回到艰苦贫瘠的抗日根据地，重温那场伟大的卫国战争，直击战火纷飞的战场。

法西斯頭子德國已經於五月七日無條件投降蘇、英、美、法了！歐戰已結束，同盟國即將轉移主力到東方來，配合中國向日寇總反攻！中國軍救的日子快來到了！現在正是你們救徹反攻，帶罪圖功的有利時機！

1942年我武装部队在青纱帐里
印刷传单，叶曼之摄。见《中
国红色摄影史录》，顾棣编，
山西人民出版社，2009年版

一、《红军第四军司令部布告》

井冈山斗争时期，无数共产党人为了建立一个人民当家作主的新社会而抛头颅、洒热血，他们身上所体现出来的作为共产党员的价值观永远值得我们传承和弘扬。

红军一到井冈山，就发动群众打土豪分田地，制定了我们党历史上第一部土地法——《井冈山土地法》。农民得到了梦寐以求的土地，极大地激发了革命热情。中国共产党之所以能够在敌人严酷的军事进攻和经济封锁中，在极端艰难困苦的条件下坚持下来，成功地做成毛泽东所说的世界各国从来没有的一大"奇事"，一个重要原因就是始终坚持群众路线，全心全意为群众谋福祉，从而获得了群众的衷心拥护和鼎力支持。现存在国家博物馆的这张由朱德和毛泽东签发的《红军第四军司令部布告》就是这样的历史见证，它凝聚了中国共产党革命的决心和毛泽东的智慧，是真心实意为群众谋利益的具体体现。

1929 年 1 月，为了粉碎湘、粤、赣三省国民党军阀部队联合对井冈山革命根据地进行的第三次"围剿"，毛泽东在宁冈县做出决定，红军主力撤离井冈山，转进赣南、闽西，以便调动敌人，在更广大的地区同其展开游击战。为向沿途百姓宣传党的宗旨，团结人民群众，散会后，毛泽东连夜起草了《红军第四军司令部布告》。《红军第四军司令部布告》旗帜鲜明地指出，"红军宗旨，民权革命"，"革命成功，尽在民众"。这份布告既是红军的政治宣言，也是一首对仗工整的红诗。毛泽东写完之后立即交给他的秘书谭政印制。谭政对这一通俗易懂、言

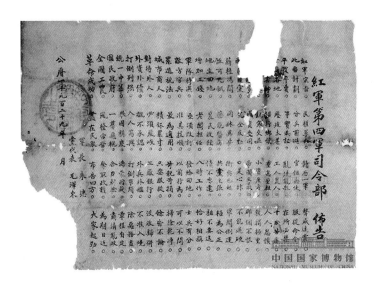

1929年1月，江西宁冈县茅坪象山庵红军印刷厂石印的《红军第四军司令部布告》，长51.6厘米、宽37厘米，1959年5月，由江西省兴国县文教局拨交中国国家博物馆

简意赅的布告爱不释手，连看几遍，将几处不易辨认的字改工整了，便组织人手刻蜡纸，连夜将布告油印出来。之后，红军印刷厂迅速组织力量赶制石印版，石印了一批布告用于沿途张贴和散发。

说到红军印刷厂，人们大多只记得毛铭新印刷所，但是很少有人知道，最早的红军印刷厂是在江西省井冈山市茅坪村象山庵，当时这里属于宁冈县。1928年4月底，朱德、陈毅率领的自湘南撤离的部队来到宁冈，与毛泽东领导的部队胜利会师，后组建了工农革命军第四军。工农革命军第四军后来改称中国工农红军第四军。1928年5月，红四军攻克了永新县城并缴获了大批物资，其中有一台石印机，战士们如获至宝，喜出望外，把它拆开分别包装，运回宁冈县，准备在茅坪的象山庵创办红军印刷厂。

但尴尬的是，当时的红军，还没有过印刷厂，这套石印设备没有人会使用，只得暂时闲置。可随着根据地不断扩大，宣传事业急需文件、布告、传单等印刷品，大家千方百计想使这台石印机运转起来。宁冈县委委员、宣传部部长刘辉霄（1900—1930）同志自告奋勇，扛起重担。他毕业于南昌高升巷私立政法学校，曾在南昌市参观过印刷厂。他和几名工人出身的战士一起，反复摸索摆弄，终于使这台机器转动起来。

可是，石印用的墨不是传统墨汁，而是油墨，根据地里并没有。战士们翻遍了缴获来的战利品，找不到一瓶油墨，也找不到一点代用品。于是大家开动脑筋开始试制油墨。有人费力搞来了两斤"洋油",用一些火烟灰与之一起搅拌,可是火烟灰和"洋油"不相融合,几次试验均告失败。无奈之下,刘辉霄广泛征求大家的意见。一位炊事员建议道:"刘部长,用'洋油'不行,用猪油也许行,可以用猪油拌烟灰试试看。"经试验,猪油同烟灰果真融合到一起,自制油墨试制成功了,而且印刷效果相当好。就这样,红军有了自己的第一个印刷厂。

在刘辉霄的领导下,红军印刷厂开始只有十几个人,随后又发展到几十人,不少工人熟练地掌握了石印新技术。红军印刷厂为部队和政府印刷了大量的文件、布告和传单。现在保留下来的文物《宁冈县第三区第八乡苏维埃政府布告》《井冈山土地法》以及这张《红军第四军司令部布告》就是红军印刷厂石版印刷的。

1930年,刘辉霄调任红五军参谋长,后任新编的红八军政治委员,参与了指挥两次攻打长沙的战斗。9月10日,在攻打长沙的战斗中,刘辉霄亲临前线指挥,不幸中弹牺牲,为革命事业献出了年轻的生命。

二、油印"我们的出路"

　　这是一份油印的传单，是 1934 年红四方面军在四川与军阀刘湘斗争时，对沿途群众开展思想宣传工作的传单。内容为："工农劳苦群众们！我们不要害怕敌人，我们要起来同刘湘拼命，害怕敌人，就要被敌人振（整）死，只有坚决斗争，消灭敌人，才是我们的出路！中华苏维埃共和国四年、中国工农红军第四方面军、第九军军政治部印"。这份传单形式上是一封书信，内容又带有标语化的色彩。

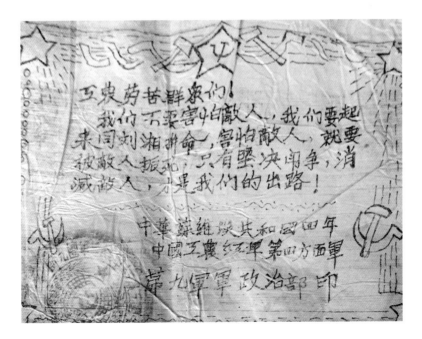

红军时期宣传单，
油印，1934年

為了完成好宣傳任務，為戰士們提供精神食糧，中央紅軍走上長征之路時還帶著沉重的印刷機器。但頻繁的戰鬥，加上連日的行軍，紅軍必須盡可能地放棄影響行軍速度的物品，以提高機動性和靈活性。此時紅軍的宣傳工作，必須因陋就簡，因地制宜。因此，最沉重的鉛印機在湘江之戰後被迫放棄。伴隨著漫漫長征路的印刷機便只剩下輕便的油印機了。

長征路上，為了更廣泛地宣傳黨的主張和政策，許多連隊開展了寫標語競賽活動，要求凡是能夠寫字的戰士，每到一處，最好能用毛筆、石灰、炭筆等在宿營地和休息地的牆壁上，每人每天寫下一到五條標語，爭取當地群眾對紅軍的理解和支持。而且部隊每到一地，要做的第一件事就是印刷標語。在長征中堅持油印出版的《紅星》報第12期和第13期報導了寫標語的模範單位，如"赤"直屬隊兩天內共寫對白軍士兵標語600餘條。"化"團機關連有一次到宿營地天黑了，點了火把寫標語。"云"團四連流動宣傳隊，每天能寫標語10條以上，天黑了就點火把來寫。

烽火年代保存至今的紙質傳單非常罕見。但是，本傳單上的內容，還有另外完全相同的版本。並不是紙質傳單，而是石刻文字。這是一塊位於四川通江的石碑，1933年由紅軍89師豎碑鏨刻，碑高2米，寬0.4米，厚0.3米，正面刻著與圖示傳單中完全相同的53字，但兩側刻著一聯："升官發財是軍閥，死傷流血是士兵。"這塊碑現已入藏紅四方面軍總指揮部舊址紀念館。通江縣位於川東北的群山環抱之中。這裡出門便是山，抬頭只見簸箕大的天。除了這塊石刻"傳單"，在通江縣城東隔四十公里的沙溪鄉，還有一塊巨崖，叫作紅雲崖。其上刻有"赤化全川"四個大字，被專家學者譽為"石刻標語之王"。"赤化全川"每字高5.5米、寬4.7米，筆畫深0.35米、寬0.7米。由於紅雲崖雄踞萬谷之巔，離岩三四十里遠其字跡也清晰可見。

無論是石刻標語還是印刷傳單，它們都是由革命先烈用鮮血書寫、用生命印刻出來的，它們是信仰的見證，是紅色的豐碑。

"赤化全川"

三、游击队的油印捷报

乍一看，这是一张被蠹虫蛀蚀严重的土纸，但仔细看，是一份鼓舞士气的捷报。这份捷报书写端庄秀丽，由刻蜡纸油印而成，长 28 厘米，宽 18.5 厘米，片纸只字，珍同珠璧。其上没有图画，只有文字，共 50 字："抗日游击队的胜利——抗日北路军来电：我米西抗日游击队于二日在赵家圪缴获敌战马卅匹俘虏人枪各数十敌死伤颇多云。"

怎么用肉眼区别油印和铅印呢？其实，在传统印刷工艺之中，这两种方式最容易分别。铅字由于来自字模，其字体非常统一，主要就是黑体、宋体、楷体。而油印主要是手工刻蜡纸，基本上就是手写体。像这份捷报，就透露出刻蜡纸的同志的书法风格，工整秀丽。

早在 1934 年春，在中共陕北特委及谢子长领导下，横山县李家岔村建立了陕北第一个红色政权——赤源县委和县苏维埃政府，当时共辖 11 个区。1935 年 2 月中共西北工委派红军十支队进入米脂西部开展武装斗争，当时这里叫作米西县。这份捷报中的战场位于现在的榆林市米脂县龙镇赵家圪村。1935 年 10 月中国工农红军陕西游击师成立，又称米西游击独立师。抗战期间，八路军后方留守处组建绥德警备区，司令员陈奇涵，政委郭洪涛（后王震、习仲勋、李井泉），统辖包括米西红军基干游击队等地方武装。捷报中获得胜利的英雄便是他们。

1940 年 1 月，《抗敌报》发表社论《今后宣传方式的发展方向》，就宣传方

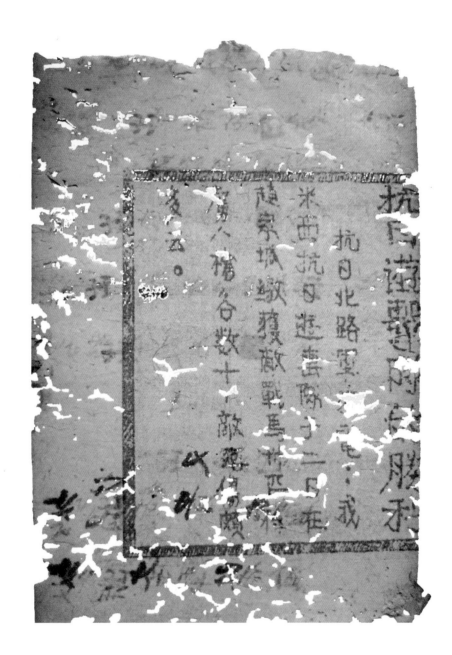

抗日游击队的胜利宣传单

式提出三个原则，其中两个是"短小灵便""最简单最通俗"。1942 年，八路军野战政治部在总结经验的基础上提出了更具体的指示，要求各部队"彻底改变一般宣传的作风，走进具体宣传，各分区应解决印刷的东西，作到针对该地敌人之具体情况及时宣传。宣传品力求美观，文字避免公式化，不超过五百字，形式多样"。这份捷报正是反映出这样的要求，也真实地体现出当时的宣传手段和印刷水平。

四、从约法十章到约法八章

1935 年 4 月红四方面军第三十军在强渡嘉陵江战役中，由军政治部颁发的《本军到地约法十章》，采用木刻版印刷。具体内容为："一、不乱杀人；二、不整穷人；三、打倒款子；四、开仓分粮；五、平分土地；六、增加工资；七、优待士兵；八、买卖自由；九、焚毁契约；十、创苏维埃。"

第二份布告传单是 1935 年 11 月手抄版的中国工农红军总司令部、政治部《红军到地约法十章》。内容为："一、不乱杀人；二、不乱没收；三、保护工农；四、取消捐款；五、发粮分田；六、增加工资；七、自由营业；八、反帝灭蒋；九、投诚不究；十、优待白兵。"这张传单是在红军长征阶段中，红四方面军向川西（天全、芦山、名山、雅州、邛崃、大邑一带地区）挺进之际，在四川境内沿途散发的。

以上两份传单都是红军在长征路上所发布的，可以看出标题几乎一样，但内容却略有不同。实际上，长征路上，发布过不止这两种内容的布告，还有专门针对民族地区的。这些传单简明扼要、通俗易懂地宣传中国共产党和工农红军的政治主张，开诚布公地宣讲红军的政策，从而使红军在所到之地，立即获得广大工农群众及社会各界的拥戴。此外，制作方式也不一样，第一张为木刻，第二张为手抄。这从客观上反映出红军的条件越来越艰苦，物资越来越匮乏。但无论有多艰难，宣传战线的工作都没有停止。

到解放战争后期，解放军已经有了大城市根据地。因此，印刷条件越来越

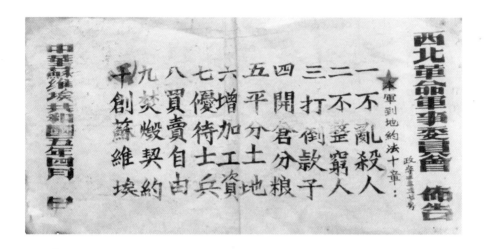

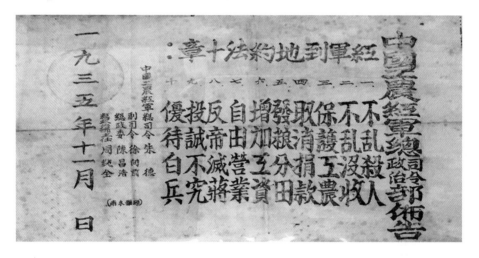

上图　1935年4月西北革命军事委员会布告《本军到地约法十章》，木刻，陕西铜川陕甘边革命根据地照金纪念馆藏

下图　1935年11月中国工农红军总司令部政治部布告《红军到地约法十章》，四川省雅安市天全县红军纪念馆藏

1949年4月25日，中国人民革命军军事委员会主席毛泽东、中国
人民解放军总司令朱德签发《中国人民解放军布告》约法八章

好，印刷品质量自然越来越高。解放上海前印发的《中国人民解放军布告》（以
下简称《约法八章》）便是铅印的。这版铅印《约法八章》包括："一、保护全
体人民的生命财产……二、保护民族工商农牧业……三、没收官僚资本……四、
保护一切公私学校、医院、文化教育机关、体育场所，及其他一切公益事业……
五、除怙恶不悛的战争罪犯及罪大恶极的反革命分子外，凡属国民党中央、省、
市、县各级政府的大小官员，国大代表，立法监察委员，参议员，警察人员，
区镇乡保甲人员，凡不持枪抵抗、不阴谋破坏者……一律不加俘虏，不加逮捕，
不加侮辱……六、……一切散兵游勇均应向当地人民解放军或人民政府投诚报
到……七、农村中的封建土地所有权制度是不合理的，应当废除……八、保
护外国侨民生命财产的安全……"在国民党败局已定的大背景下，《约法八章》
也让国民党政军各级人员看到了共产党的方针和诚意，很多人选择了放下武器，
放弃了抵抗，也使许多观望的包括商人在内的民众选择了留下。

五、通行证实为投降证

抗战期间，所谓的通行证其实是普遍散发的一种传单，主要是宣传优待俘虏政策。无论是我方还是敌方，都利用通行证进行过激烈较量。这种通行证其实就是投降证。因为大家都忌讳"投降""投诚"等字眼，为避免伤害投降者的自尊心起见，便采用了通行证这个名目。国民党政府也采取了同样的办法印制大量通行证。我军印制的通行证有两种，一种是争取日军反正的日文通行证，一种是争取伪军反正的中文通行证。这张土纸油印的《反正通行证》就是针对伪军官兵的，是新四军浙东纵队三、四、五支队司令部印发的。有心投降新四军的伪军官兵如果获得这种通行证，就相当于吃了一颗定心丸，一旦遇到机会，随时都可以安心行动。

浙东抗日根据地位于杭州湾两岸、沪杭甬三角地区。这里，人口稠密，物产丰富，交通发达，是个战略要地。1942年8月，浙东新四军浙东纵队三、四、五支队在这里成立，此后坚持了艰苦卓绝的敌后游击战争，取得了辉煌的战绩。这张通行证的全文如下：

"新四军浙纵反正通行证——新四军三四五支队司令部

拥此通行证，一直向山行，卸掉枪械柄，好好问百姓，告诉要反正，人人会欢迎，投诚新四军，处处受优待，人枪不遣散，还要赏重金，若要回家转，路费发充足。

凡我抗日根据地各地人民、乡保甲长行政机关、民众团体，碰到带了

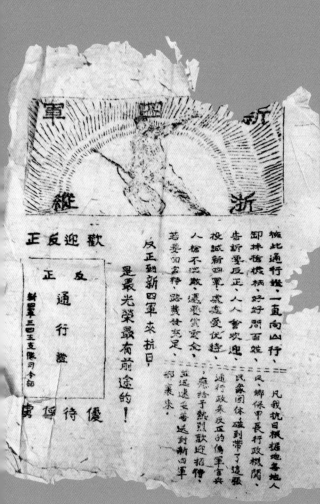

新四军三四五支队司令部印发的宣传单
《反正通行证》，图片来源于网络

这张通行政来反正的伪军官兵，应给予热烈欢迎招待，并迅速妥善送到新四军部里来。

反正到新四军来抗日，是最光荣最有前途的！"

当时敌我双方都以通行证为武器展开过激烈较量。同样，日军在侵华期间也大量印发了通行证、投降票、优待证，并开列许多诱人条件诱降我抗日军队。可见，编写、印刷、散发传单，这是一条没有硝烟的战线。可以说，这种名为通行证实际是投降证的精神炸弹，是一种劝服式的、有效的思想宣传工具。

六、天上掉下的钞票

1941年12月7日日本偷袭珍珠港后，美国对日宣战，太平洋战争由此全面爆发。美日双方的宣传战也同时引爆。日本军部为了摧残美军的意志力，甚至组建了名为"东京玫瑰"的女子广播播音组，通过电波来勾起美军士兵的乡愁，或告知他们败局已定，或造谣说家中的娇妻恐已红杏出墙。日军企图用这样的宣传攻势来瓦解美军的士气。可以说在二战中，日军为了达到战胜的目的，无所不用其极。除了广播以外，日军还大量空投宣传单来打击敌国民众、军队的士气。因为前线战士一旦没有了勇气和信心，战线下一秒就有可能崩溃。

美国在宣传战上也不示弱，双方互投传单，数量大得惊人。据研究，二战中，美国仅仅对日本撒下的传单就达三亿份。这些传单运用了各种攻心战术，图片五花八门，内容各式各样。图示的钞票传单便是美军印制的日本钞票，印刷得如同真钞票一样，散发到日本本土，自然令人争相捡拾并传看，以达到舆论宣传效果。美军仿制的钞票为日本印刷局制造的发行量最大的拾圆钞。不过，钞票反面却印有日文宣传文案。文案以日军侵华战争为实例，运用数据说话，大意是1930年，还没有和中国开战前，10日元可以买2斗5升上好大米，或者8套夏季和服的布料，或者4袋木炭。1937年中国事变之后，可以买2斗5升下等糙米，或者5套夏季和服的布料，或者2.5袋木炭。今天，在和世界上最强大力量（指盟军）进行三年没有希望赢的战争后，10日元只能在黑市上买1升2合好稻米，少量木炭（如果你还买得到的话）。但棉布，已经买不到了。这就是你们领导人说的"共同繁荣"吗?

　　这版日钞传单编号为 2034 号,应当是在 1944 年至 1945 年初印制的。因为据有关资料显示美国海军编号 2144 号的传单,题为《号外——原子爆弹完成》,便是给日本下达的最后通牒,宣称美国军方原子弹已经装弹完毕,随时准备空投日本本土。即便是最后日本国内已经宣布投降,但生怕遭暗枪的美军还是不放心,再次散发传单,通知各处日本兵,日本已签字投降,请立刻放下武器投降。

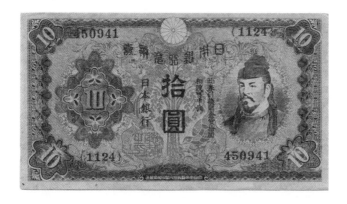

20世纪40年代美军在日本散发的
钞票型军事传单,两面

七、来自八路军的公开信

在对敌宣传中，书信也是常用的形式。说是书信，其内容其实与普通传单一样，只不过是采用了信函、明信片、贺年片等形式，指名道姓地点明宣传对象，是一种定向散发的传单。

抗日战争全面爆发后，日军为了弥补兵力的不足，大力发展伪军。同时在沦陷区成立各级伪政府，组建各种伪组织，以协助其进行统治，企图以华制华。鉴于伪军的性质与特点，我方往往是把伪军和日军分开，区别对待，尽量争取，利用一切力量，以达到分化敌人、瓦解敌人、孤立日军的最佳效果。我军在对敌伪，尤其是伪军开展宣传战的时候，就经常采用散发公开信的形式。

图示就是一封书信形式的传单。印发时间应当是第二次世界大战末，德军已投降，但日本还在疯狂坚持的时期，也就是 1945 年 5—8 月间。这张传单用蓝色油墨油印而成，图文并茂，飞机、坦克、战舰一应俱全，具有很强的威慑力，气势磅礴。通过这种书信式的劝说，晓之以理，动之以情，起到让伪军弃暗投明的作用。其内容为："伪军弟兄们！法西斯头子德国已经于五月七日无条件投降苏、英、美、法了！欧战已结束，同盟国即将转移主力到东方来，配合中国向日寇总反攻！中国解放的日子快来到了！现在正是你们杀敌反攻，带罪图功的有利时机！八路军胶东军区政治部制。"

1945年八路军胶东军区政治部印
发的督促伪军戴罪立功的宣传
单，油印，图片来源于网络

　　书信形式的传单主要的散发手段是将其放在仿制的
敌人公用信封里，设法混入敌军传信站，或进入敌方机关、
据点。有的专门针对特定对象的传单，则可以通过邮局，
或指派人员送达。

第六章

红色票证印刷

印刷品是具有多重属性的，除了文化属性之外，还有经济属性、技术属性等等。票证与书籍、报纸、期刊这些用于文化传播和思想宣传的印刷品不同，它是人们生活中使用的工具，是经济调控的手段。在中国共产党领导全国各族人民取得革命斗争胜利的历程中，各式各样的票证功不可没。1942年10月，陈毅在江淮印钞厂开工当日发表讲话："我们新四军有两个大胖儿子，一个是军工厂，一个是印钞厂。要武器向军工厂取，要钱花向印钞厂拿……"

在敌人的军事围攻和经济封锁中，根据地人民军队的给养和人民群众的生产生活面临着极大困难。各根据地因地制宜，采用油印、石印、铅印等各种方式，利用土纸、粗布等材料印刷发行了多种多样的票证。这些货币、粮票、餐票、柴草票、马料票等"红色票证"，就是当时特殊环境下开展的经济战斗。这些票证的使用，改善了根据地军民生活，打破了敌人的军事"围剿"和经济封锁，为巩固和发展根据地政权做出了重要贡献。红色票证如今成了收藏界的专门门类，并形成了一股收藏热。

一、中华苏维埃布钞

红色货币是中国共产党领导的红色政权发行的各种货币的统称，由各地苏维埃政权、抗日根据地、解放区政府各个革命根据地发行，是革命时期中国红色政权的经济生命线，在中华民族货币史上写下了光辉的一页。由于受物质条件限制，这些红色货币大都图案简单，印制粗糙，防伪性不强，但它们见证了波澜壮阔的新民主主义革命的历史。

1931年11月，在中华苏维埃第一次全国代表大会上，毛泽民受命筹建国家银行，筹划印刷、发行国家货币，不过临时中央政府只给了他五个人员编制，既无场地，也无设备，一切筹备工作从零开始。但国家银行很快就筹建起来，钞票也印刷出来。1935年10月，银行随中央红军到达陕北。同年11月根据中共中央指示，国家银行与原陕甘晋银行合并，将银行名称改为"中华苏维埃共和国国家银行西北分行"（简称"西北分行"），时任中央财政部部长的林伯渠兼任行长，曹菊如任副行长，行址初设在瓦窑堡。1937年7月，抗日战争全面爆发，同年10月西北分行改名为"陕甘宁边区银行"（简称"边区银行"），总行设在延安。至此，中华苏维埃共和国国家银行在名义上完成了自己的历史使命。

1935年底，延安印刷发行了纸币和布钞。相对来说，布钞的量较少，但由于布质柔韧，有利于保存流传，因此，现存的苏维埃时期的布钞并不罕见。1935年印制的布钞有伍分、壹角、贰角、伍角、壹圆的。以壹圆面值布钞为例，

1935年中华苏维埃共和国国家银行西北分行壹圆布钞

与纸币比较，印制质量、图案的设计都更加清晰明了，而且正背两面都印有图案和文字，这样也更容易保存和使用。布钞也是用黑墨印制，长15厘米，宽7厘米。币面正中上部用印刷体从右向左排列着"中华苏维埃共和国国家银行西北分行"，正中印着非常清楚的列宁头像，用齿轮呈扇形围绕着头像，用五星的两只角在头像下连接着，用阿拉伯字体呈扇形从左向右写着"1935"，表示印制时间，从右向左用印刷体写着"全世界无产阶级和被压迫民族联合起来"的宣传口号。在头像的两边用直径1.5厘米大的"壹圆"字表示面值。在币面右边"壹圆"和头像右下部有一"锤头"，头像左边是"镰刀和锤头"组成的图案，表示工农联合。币面的边上两边分别用印刷体印着"壹圆"，币的下部2厘米处用3毫米宽的一条黑线将上部分开，黑线的右边是在3毫米宽的"1"字美术体下印有五星和一支长枪。黑线的左边是用"钉锤、镰刀"组成的图案。布钞的背面用长13厘米、宽5.8厘米、0.3厘米粗的线条作框。框内上部呈弧形从右向左排列着美术字"全世界无产阶级和被压迫民族联合起来"的宣传口号。在中间图案的两边用印刷体写大写字母表示币值"壹元"。这种布钞从它印制的工农图案和文字宣传口号就已远远超出了货币的职能，它既能作为货币流通，又是宣传传单，成为革命的利器。

上图　中华苏维埃共和国国家银行西北分行伍角布钞，复制品

下图　中华苏维埃共和国国家银行壹元钞石印版，国家博物馆"复兴之路"展览展品

二、光华商店代价券

　　1938 年 4 月 1 日，陕甘宁边区贸易局与光华书店合并，成立光华商店，负责办理边区内外贸易。同年 6 月，边区银行为解决市场交易找零的需要，临时以光华商店的名义发行了光华商店代价券。经边区政府授权，由延安中央印刷厂石印部的高秉仁负责版式设计，商伯衡雕刻铜版。1938 年夏天，边区政府以光华商店的名义发行了代价券。代价券的面额有贰分、伍分、壹角、贰角、伍角 5 种。1940 年 11 月 19 日，国民党政府军需局通知八路军驻西安办事处，停止发给八路军经费。在这种十分不利的情况下，边区政府为了支持边区的生产和财政，不得已又增发了柒角伍分面额的光华商店代价券。

　　令人费解的是，陕甘宁边区既然成立了银行，为什么不以银行的名义，而以商店的名义发行货币？这是因为当时正值第二次国共合作，根据两党协议，边区不设银行，不印发货币，市面上通用法币。法币是 1935 年 11 月 4 日至 1948 年 8 月 19 日国民党政府流通货币的名称。在当时的历史条件下，边区成立银行没有对外公开，不便以银行的名义发行货币，所以只能以延安光华商店的名义发行元以下的代价券。对此，国民党政府曾提出异议，边区政府为了维护两党的团结与合作，就专门发行光华商店代价券一事，曾致函国民党天水行营主任程潜进行说明，指出："查边区境内，法币信用甚高，流通亦畅，惟于开始推行之期，流通市面之法币，多系伍、拾圆者，而零星辅币，万分缺乏……该光华商店为巩固法币流通，畅旺市场交易起见，业经呈请本府，准许发行贰分、

光華商店代價券
伍角
656443

GUANGXUA SHANGDIAN
50   50
54
50 CENTS 50

光華商店代價券
柒角伍分
265736

GUANGXUA SHANGDIAN
75   75
75
75 CENTS 75

伍分、壹角之代价券，原系暂时权宜便民之计，而其流通范围只限于辅币缺乏之陕甘宁边区。"边区政府在多次复电、复函说明理由的同时，为了方便民众的生活，仍根据市场需要，继续发行光华商店代价券。

1941年1月6日，国民党当局制造了震惊中外的皖南事变，并且不准国内外一切援助款汇入陕甘宁边区。与此同时，还集结50万部队对边区实行了军事包围，妄图用经济封锁和武力威胁摧毁边区政府。然而，中共中央和边区政府对国民党反动派的倒行逆施早已做好了准备，1941年3月，打退了国民党当局的第二次反共高潮。为了彻底粉碎国民党当局的经济封锁，发展边区经济，稳定边区金融，在皖南事变后，边区政府立即颁布了相应的法令，禁止法币在边区流通，陕甘宁边区银行加紧准备，发行陕甘宁边区银行自己的钞票，逐步用边币兑换回收光华商店代价券。

左页上　1938年，延安边区银行以光华商店名义发行光华商店代价券，作为辅币在市场流通，延安中央印刷厂石印部高秉仁设计版式，商伯衡铜版雕刻

左页中　1938年，延安边区银行以光华商店名义发行光华商店代价券，作为辅币在市场流通，延安中央印刷厂石印部高秉仁设计版式，商伯衡铜版雕刻

左页下　柒角伍分面额的光华商店代价券

三、小邮票大价钱

2019 年 5 月 21 日，互联网上一家在线拍卖公司邮品专场中，一枚小小的邮票，尺幅只有 3.5 厘米 ×2.8 厘米，最终经过 100 多轮激烈角逐，以 8.21 万元成交。这是一枚怎样的邮票？它为什么这样珍贵呢？

它就是晋察冀边区临时邮政总局 1938 年发行的"抗战军人邮票"。这枚邮票很独特，票面并没有面值，也没有齿孔，石版印刷，纸质为普通麻纸。票面设计朴素生动，主色调为大红色，采用了中华民族传统的门框形式，主画面是一位手持钢枪、快速朝着抗敌前线奔跑的战士形象，寓意抗战烽火熊熊燃烧，中华儿女誓死抗敌，在当时起到了极大的鼓舞军心、民心的作用。

世界上最早的现代邮票——英国的"黑便士"的诞生背后有一个"军人与未婚妻通信的故事"，而这枚"抗战军人"邮票也同样诞生于战场。其实，中国远在西周时期就有较完善的邮驿，传递军令和政令。汉唐时，军讯传递就由邮驿担任。宋代的驿传分三等：步递、马递、急足递。急足递日行 200 公里，专门传递军事消息。元代各州县设急递铺，如军情紧急，便日夜兼程，铺铺相接。明清时军邮制度日趋完善。清末，中国建立近代邮政，正式开始印发邮票。

1938 年 8 月 26 日，为优待抗日战士通信，由当时驻扎在五台山古佛寺的晋察冀日报社印刷厂石版印刷了这枚邮票，总共印刷 3 万枚，由边区

1938年晋察冀边区临时邮政
印发的抗战军人邮票

政府免费发给抗战军人使用。这是中国革命战争时期第一套军人专用邮票，也是第一套无面值邮票。此票原是免费发给战士贴用，因而未曾印面值。巧合的是，在战士背的子弹袋上有一个数字5，被有的收藏者误读为5元面值，其实这只是一处独具匠心的小设计。10月，中华邮政接办边区临时邮政后，晋察冀边区发行的其他邮票停止使用，唯有"抗战军人邮票"被允许使用到了12月底。由于战乱等原因，保存至今的不多，十分珍贵，邮迷们称其为"白军邮"。

这枚邮票的设计者是边区政府临时邮政总局交通科的科员张述，他出生于1913年，毕业于晋察冀边区阜平县西庄的抗大三分校。2001年8月，他在接受《天津集邮》记者聂全福采访时回忆，当时边区条件十分艰苦，只有一支铅笔、一把直尺，其他都没有，他的设计大概花了一二十天。因为他是第一次设计邮票，脑子里浮现出许多画面：八路军战士打鬼子、杀汉奸、救群众、瞄准、射击、拼刺刀……第一稿是站姿军人，战士拿着枪站着，后来考虑到太显了，容易被敌人发现。第二稿是卧姿军人，后来又感觉卧倒太隐蔽，发现不了敌人。最后第三稿是跑步军人，设计游击队队员跑步，敌进我退，敌退我追，画出了一幅抗战军人持枪跑步前进的画稿。

四、红军临时借谷证

中国工农红军自建立以来，在中国共产党的领导下不断发展壮大。尤其是1933年至1934年之间，先后多次粉碎了国民党军对中央苏区的"围剿"，但面临的生存环境相当恶劣，粮食供应成了亟待解决的难题。为解决红军战时的粮食供给问题，中央政府印发了"中华苏维埃共和国红军临时借谷证"，确保了红军在作战运动过程中的粮食供应。这批红军临时借谷证目前发现有面额"干谷伍拾斤""干谷壹百斤""干谷伍百斤""干谷壹千斤"4种。中央关于红军临时借谷证有三条说明："一、此借谷证，专发给红军流动部队，作为临时紧急行动中沿途取得粮食供给之用。二、红军持此借谷证者，得向政府仓库、红军仓库、粮食调剂局、粮食合作社、备荒仓及群众借取谷子，借到后，即将此证盖印，交借出谷子的人领去。三、凡借出谷子的人，持此借谷证，得向当地政府仓库领还谷子，或作缴纳土地税之用，但在仓库领谷时，证上注明在甲县借谷者，不得持向乙县领取。"

印刷红军临时借谷证使用的是苏区常用的盛产于江西、福建的毛边竹纸，双色单面印制。票面设计为竖式框图结构，整个票面可分为上中下三个部分，上部是一个长方形方框，两边各有一个实圆，圆内留白一个五角星；两圆图之间是扇形冠名，上弧形从右至左印"中华苏维埃共和国"8个字，下横排从右到左冠"红军临时借谷证"7个字，并在两边各饰3个实五角星，框下方用红色木刻印章，盖上具体数量。

中華蘇維埃共和國

紅軍臨時借谷證

穀谷壹百斤

一、此借谷證，專發給紅軍流動部隊，作為臨時緊急行動中沿途取得糧食供給之用。

二、紅軍接此借谷證者，將向政府倉庫及合作社糧站兌取糧食。凡紅軍憑此證向倉庫兌取糧食者，各倉庫及合作社糧站須立即如數照付，不得推諉拒絕。

人民委員會主席 張聞天（印）
糧食人民委員 陳潭秋（印）

此借穀證已在
　　縣　　區向
借得穀子由領穀機關
在此處蓋章為證

在那战火纷飞的动荡年代，为了防范造假作弊行为的发生，中央粮食部特别注意规范红军临时借谷证的使用。1934年8月30日，中革军委与中华苏维埃共和国粮食部发出《关于确实执行领谷必须依正式手续的规定的联合命令》，其中规定："各级仓库或运输站，亦必须严格执行中革军委第十九号命令，如无中粮部的支付命令、借谷证、米票、各级仓库发谷凭单，或部队正式盖公私章的领谷收据，绝对不能支发谷子……如红军人员不遵照以上之正式手续强迫支取时，可将其队员姓名记下或报告其首长或直报中革军委，以便予以应有的处罚。"所以，红军临时借谷证除了印刷时盖有一个"中华苏维埃共和国人民委员会"公章以外，在领谷栏还有一个领谷单位公章及其具体领粮负责人的私章。群众在接到红军临时借谷证，并且把谷子借给流动作战的红军部队以后，可以凭这种红军临时借谷证向苏维埃政府仓库领还票面数量的谷子。这种做法规范严谨，能切实保障人民群众的利益。

五、华中水寨印钞厂

　　林上庄这个地名在新四军的抗日史料中赫赫有名，这个地方被称为"华中水寨""芦苇荡印钞厂"。一般以为，如此披着红色，还透着浪漫气息地名的地方，如今一定是人潮如织的红色旅游景区，或者是爱国主义教育基地。我网上网下地搜索，却几乎找不到其踪迹。几经研究，原来今天已经没有林上庄。昔日红色记忆中的林上庄如今在地图上叫林上村。它位于扬州市最东北端，地处扬州、淮安、盐城三市四县交界处。2003 年 10 月，林上村经过区划调整，划归宝应县射阳湖镇。遗憾的是，林上村也没有建立一个华中水寨印钞厂纪念馆。如果将来建设起来，一定也是令人向往的爱国主义教育基地，因为这里有着许多生动的红色故事。

　　1941 年 4 月，新四军财经部在江苏省东台县（今大丰县）裕华镇建立江淮印钞厂，对外称"华光公司"。1942 年，随着日寇的大规模"扫荡"，印钞厂被迫停工转移。1943 年下半年，根据地军民在反"扫荡"中取得一个又一个的胜利，根据地越来越巩固，并且迅速发展和扩大。在当时的军事、政治和财政金融形势下，对抗币的需求越来越迫切。1944 年 3 月，粟裕等领导同志决定让江淮印钞厂正式在苏中地区全面复工，并亲自将厂址选定在距司令部 10 公里左右的水泗林上庄。

　　林上庄是一个孤岛，周围数十里都是芦苇和荷藕水塘，河道内水草丛生，错综复杂。敌人的汽艇进不去，只有小船才能进出。另外，当地军民还在主要河道中央打好河心暗桩，好似天然屏障，即使是普通的小船，也得熟悉地形才能自由出入，不然，就会迷路，或者搁浅在芦苇水草丛中，进不得，退不能。在林上庄建印钞厂，对外也是绝对保密的，不但周围村庄的人们不知道，就连庄上的干部群众也不知道印钞厂的具体情况。为了安全保密起见，仅厂部有船只，保持军区、行署和银行之间的通信联系，负责工厂材料和生产成品的运进和输出。行里的职工也完全隐蔽在庄上生产，不能随便走出去，也很少到庄上游玩赶集，处于安全机密的环境之中，所以称为"华中水寨"。在林上庄印钞厂开始生产之后，厂里陆续把之前分散到各地方、部队的工人找回来。1944年7、8月间，又从上海组织来一批批技术工人，还从苏中行署文工团等处调来人员，充实江淮印钞厂的力量。为了尽量创造好的工作环境，印钞厂盖了6间草房，每根芦苇都经过精心挑选，据说整个建筑像一件件精致的艺术品，充分显示了大伙儿的心灵手巧。东边第一间为制版部的雕刻室，三面门窗都装上了玻璃，室内光线明亮。为了防尘防潮，地面上都铺了青砖。中间两间为制版室，西边三间为宿舍，这是当时根据地条件最好的地方。大家在宿舍里生活，室外柳树掩映，蝉鸣鸟叫，池塘里荷花飘香。庄上的厂址内，还有篮球、排球、乒乓球场地，休息日可以听到悠扬的琴声、歌声和高昂的"加油"声。

　　林上庄时期的江淮印钞厂印制的钞票面值主要有5角券、1元券、5元券、10元券、20元券等。1945年抗日战争胜利前夕，华中银行成立，江淮印钞厂更名为华中印钞厂，开始印制华中钞票。

六、布纹纸钞票

抗日战争时期，许多大中城市被日军占领，我军主要分布在广大农村。敌人实行封锁政策，纸张、油墨等印刷耗材要从敌占区运来，困难重重。各地都在想办法克服困难，自力更生。苏中江淮印钞厂的印钞纸也面临同样的难题。因此组织上决定建设一个生产钞票纸的造纸厂。但建设钞票纸厂谈何容易！有志者，事竟成。大家从1944年秋进行实验研究，到1945年2月开始建厂，6月份生产出了钞票纸，最终印出了江淮银行和华中银行的钞票，在华中敌后解放区发行。

在钞票纸的生产过程中，原料净化是极为重要的工序。因为只能就地取材，造纸厂所用的原料主要是小麦秸，但要经过精选才能保证质量。开始做实验的时候只是用麦草的梢头部分，靠发动附近村庄的人民群众手工剪麦梢头部的穗、节、叶，把麦梢秆捆成小捆，逐户收购。用这样的麦梢做原料是最纯净的。但是后来正式生产的时候，发现光靠麦梢部分满足不了生产需求，后来便成捆地收购麦草，运到厂里再请当地农民进厂剪除麦草的穗、节、叶，用秆做原料，经过不断试验，改进工艺，也达到了同样的效果。

制造纸浆也遇到了困难。蒸煮、磨浆、洗浆都得开动脑筋，因地制宜。开始用大铁锅铺上木桶当蒸煮器来煮草料，但由于烧碱的腐蚀性，木桶寿命很短。有人想到用铁板制作蒸煮器，但当时的环境条件又不允许。最后几经测试，发现用柴油桶既耐腐蚀，还能废物利用，用它当蒸煮器，再做一个木质锅盖，解决了问题。刚开始用农村碾米的石碾子磨纸浆，效率太低，怎么办呢？他们想出了在地面上挖槽铺成圆石槽，用硬木制成蹄形齿轮，利用木齿轮转动作为动力进行捶打，把煮过的麦秆在石槽里砸成纤维。开始用黄牛转圈拉，速度慢，后来改用马拉稍快一些。洗浆也是用很原始的办法，粗浆用箩筐，细浆用布袋，在河沟里洗涤。

手工抄纸也遇到了困难。手工竹帘抄的纸比较薄，达不到钞票纸的厚度要求，怎么办呢？大家想出来，抄两张合在一起厚度正合适。但怎么使两张纸牢固地结合在一起又是个难题。经过研究，连续抄出两张湿纸叠在一起，然后铺在一张白布上，这个办法解决了两层纸的问题。怎么样使它结合得更牢固呢？大家翻书查找资料得到了启示，必须要加强施压。他们想到油坊榨油用的一种双辊挤压机，可以当施压机用，用它来压湿纸，用白铁皮把带白布的湿纸夹在其中，5张湿纸6张铁皮一组，整整齐齐叠在一起，通过压辊把湿纸中的水分挤压出来，既解决了纸的结合力问题，又增加了纸的强度。

纸的干燥又遇到了困难。从白布上撕下来的湿纸在烘纸墙上烤，因为纸相对较厚，烘干后的纸不平整，带褶皱，无法用于印刷，怎么办？后来想出来连皮带纸一起烘烤，用自制设备辅助烘干的办法。就是在烘墙的两边竖立架子，装上长木圆筒，把带着布皮的纸紧紧绑在木筒上，人工缓缓地转动木筒，直至纸干燥为止。最后发现，纸从布上撕下来，纸面上留下布纹，印刷时油墨上墨不均，印刷适性很差。大家又开动脑筋，查找资料。根据压光机的原理，用两张白铁皮夹着烘干后的纸，一次压5层或6层，通过双辊挤压轧，起到了压光机的作用。

总之困难很多，但大家开动脑筋，一个一个地克服了。1945年6月生产出第一批纸被送往江淮印钞厂，试印江淮银行钞票成功。这些纯手工的钞票纸，保持着麦草浆的本色，耐水性好，拉力强。特别是钞票纸面带有布纹，不仅成为解放区纸币的一大特色，还成为红色钞票的特殊防伪工艺。

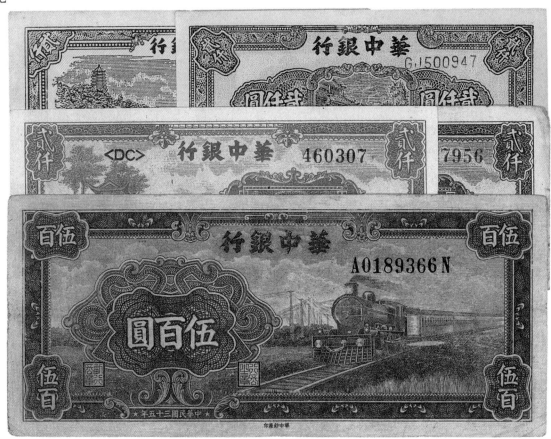

1946年华中银行用布纹钞票纸
印刷的纸币

七、边区货币战斗

毛泽东指出："战争不仅是军事和政治的竞赛，还是经济的竞赛。"货币战是经济战的核心表现形式。在抗日战争时期，中国共产党不仅以"小米加步枪"打退了比自己强大得多的敌人，在自力更生的经济领域，同样硕果累累。1938年3月，伪政府宣布旧冀钞贬值，并限期在当年作废。日伪妄图通过此举贬低旧冀钞，将平津、石家庄等大城市流通的旧冀钞挤到边区，从而冲垮边区金融，廉价掠夺物资。边区政府决定采取"阶梯汇率战"，打击旧冀钞，将新旧冀钞一律打出去。这次旧冀钞汇率战，共扫除了2000余万的旧冀钞。此役使得旧冀钞充斥敌占区大城市，导致日寇不得不继续使用旧冀钞，伪联合准备银行印发的联银券的发行也不得不减少。

日寇停止使用旧冀钞的阴谋破产后，又在晋察冀边区采取了伪造大批边钞和法币的手段，以假乱真，以假当真，破坏边钞，侵占边钞市场，骗取边区物资，进行赤裸裸的掠夺。边区行政委员会于1941年8月3日发布了《为严防假法、本币流行的通令》，列举了假币与真币在质量及正反面的花纹、花边、风景、字体、冠字、号码、图章、颜色等方面的特点，供各机关和税收部门鉴别真假法币、边钞时使用。边区政府还要求注意对日寇伪造边钞、法币事件的宣传尺度，防止引发"草木皆兵"，群众不敢使用边钞，从而影响边钞的信誉。通令的说明中还规定：凡是滥用假边钞的，如果是无知受骗者，将假边钞没收；如果是有意破坏者，就严加治罪。边区银行在各县各区内部设立了边钞对照所，并广发

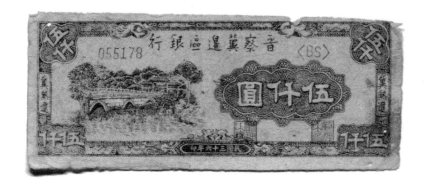

1946年晋察冀边区银行"石桥版"
伍仟圆真钞

票样到处张贴，动员群众共同打击伪造边钞的日寇汉奸。

抗战胜利后，国民党反动派继承日寇衣钵，由伪国防部"剿总"及特务机关人量印制推行假票。所以中共的反假票斗争，同样也包括和国民党特务的斗争。以冀中地区为例，据胜芳支行统计，1946年2月10日到2月底，近20天中查获假票达6万元，3月达5万元。河间办事处仅3月就收到假钞11万余元。整个冀中区自日寇投降到1946年3月份，各地查获假票共达28.4万元。由于普通群众辨别真伪能力差，实际上在冀中区流通的假票数值并不能够完全统计。据1949年2月25日《冀东日报》报道，北平市公安局破获制造及推销解放区银行假钞票的窝点6家，发现4种假钞。此次破获的假钞的制造与推销，系由国民党特务机关伪国防部保密局毛人凤所组织的"特别委员会"主持策划。假钞印制者为北平宣武门外的长城印刷局，同时破获了上述"特别委员会"在天津、平汉、平绥、津浦各线的组织及天津的一个公开营业单位。

假边钞的一般特点是图文粗糙、号码字头不整齐、图章摹造不均匀等等，特别是花纹最细腻处往往与真的不相同。但有个别情况例外，如1944年发行的晋察冀边钞耕牛版五百元券第二种的假票，确比真钞还清晰。1947年，仅晋察冀边区银行冀东支行就发布了33种假钞的鉴别表，供各地鉴别。这33种假边票包括：农夫驱骡碾场版二百元券2种，耕牛版五百元券16种，牧牛版三百元券8种，农夫收谷五百元券5种，亭塔版五百元券1种，农夫割谷一百元券1种。还有两种边钞的印版是真版，是被敌人掠夺而去之后印刷而成的。但这些假钞的号码字头、经理签字与真钞不同。

1948年3月3日，冀东银行又发布石桥版五千元券假票鉴别表，表前列出4项说明：（1）券别：石桥版五千元券；（2）印刷年度：民国三十六年；（3）印刷所：冀东银行；（4）主要式样：正面为左方石桥风景，右方为"伍仟圆"三字，背面有并列三个阿拉伯字码"5000"。

区　别		真　票	假　票
正面	花　纹		边缘花纹与真的不同
	颜　色	花边和图案为赭石色，地为黄色	花边图案和地皆发黑
	号　码	为大红色	红黑色
背面	图　章	大红色"鯨"字左方之"系"两个口一般大	黑红色，"鯨"字左方之"系"上边的口小，下边的口大且两口距离远
	花　纹	左右边缘的花框内各有两行括弧形小点，左框上边一行，右框下边一行之最外一点尖形	左右两花框内四行，最外边之括弧小点皆为弧形
面	颜　色		比真的发黑
	签　字	左方英文签字之 y 上边小横为弧形	y 横为直的
		纸柔毛	横选纸，质发暗发光

1948年晋察冀边区银行冀东支行发布《假钞鉴别表》，表中详细列出上图"石桥版"伍仟圆真钞和假钞的区别细节。见《晋察冀边区银行》，中国金融出版社1988年版

第七章

红色印刷器材

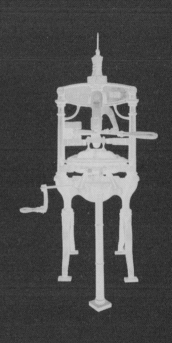

中国是印刷术的发明国。印刷术对人类文明的持续进步做出了巨大的贡献。但是，进入近代之后，中国印刷业的工业化进程却落后于西方国家，这也是一个不争的事实。随着机械印刷术的"西学东渐"，中国开始进入吸收借鉴阶段。处在大变革之中的民国时期，新闻印刷事业快速发展，对印刷业在原料、机器等方面的需求激增。对于印刷设备器材业来说，新式的印刷机自清末才开始仿制，整个社会的工业化水平低下，只能制造简单低端的印刷设备，高端印刷机基本全部依赖进口。印刷业所使用的耗材如纸张、油墨、特种金属等生产技术在国内虽有发展，但早期尚无大规模集中生产，而且产品质量欠佳，也没有形成统一标准，无法满足印刷复制所需，因此，印刷设备器材依赖进口成为整个民国时期印刷业的主要特征。

在革命战争时期，对于共产党来说，无论是印刷机还是油墨，要想获得进口的器材都几乎是天方夜谭。正因为如此，与同一时期国统区的印刷品相比，红色印刷的书、报、刊都显得朴素无华，甚至粗漏不堪，难登"大雅之堂"。尽管如此，就算是在"前有埋伏后有追兵"的窘境中，在物资装备极其匮乏的条件下，中国共产党依靠群众，自力更生，仍然取得了无数的小发明、小革新，创造了一个又一个红色印刷奇迹。

中国洋纸输入总数之统计表（1921—1929）

年份	数量（担）	数值（两）	数值指数
1921	891037	1325766	384
1922	1283166	12682993	366
1923	1397422	18078717	523
1924	1678294	22625894	655
1925	1502012	19080977	551
1926	1952133	27668692	803
1927	1670455	25416384	736
1928	2030968	29048825	840
1929	2299735	24245715	720

资料来源：《近代中国实业志（一）江苏省》，南开大学中国社会史研究中心资料丛刊，凤凰出版社，2014年出版。

中国印刷机器输入总额之统计表（1924—1929）

年份	数值（两）	数值指数
1924年	1032449	100
1925年	651487	63.21
1926年	579681	57.38
1927年	434528	42.13
1928年	796093	74.66
1929年	1319953	128.06

资料来源：《近代中国实业志（一）江苏省》，南开大学中国社会史研究中心资料丛刊，凤凰出版社，2014年出版。

一、国难后修整的印刷机

中国印刷博物馆保存着近百台老印刷机，其中最早的有 1865 年的手扳架印刷机。有一台 1929 年的进口手扳架印刷机，被视为镇馆之宝之一。为什么这台机器能成为镇馆之宝？它的背后隐藏着怎样的故事？

乍一看，这台印刷机跟其他早期印刷机没有什么区别。仔细看，你才能发现它的与众不同。机身上的"国难后修整"铜质铭牌标志着其独特的身份，它是中国人民浴血抗战的铁证，时刻提醒着后人勿忘国耻。

1932 年 1 月 28 日，日本海军陆战队突然袭击上海闸北，"一·二八"事变爆发。次日上午，日军飞机轰炸商务印书馆，总管理处、编译所、四个印刷厂、仓库、尚公小学等皆中弹起火，全部焚毁。据统计，在这次轰炸中，商务印书

商务印书馆手扳架印刷机，中国印刷博物馆藏

印刷机上钉有"国难后修整"铜牌

馆资产损失 1630 万元，占总资产的 80%。最令人痛惜的是东方图书馆的全部藏
书 46 万册，包括善本古籍 3.5 万多册，悉数被烧毁。

　　然而，商务印书馆并没有如日军所希望的那样"永远不能恢复"。商务印
书馆员工陆续从被毁的灰烬中整理出约 87 万元的废旧物资。他们把在废墟中
找出的机器修复，在租界内租屋开办小厂，逐渐恢复生产。中国印刷博物馆收
藏的这台机器便是这次劫难后重生的"斗士"。半年之后，商务印书馆在上海
各报刊登正式复业启事。启事中写道："敝馆自维三十六年来对于吾国文化之
促进，教育之发展，不无相当之贡献，若因此顿挫，则不特无以副全国人士属
望之殷，亦且贻我中华民族一蹶不振之诮。敝馆既感国人策励之诚，又觉自身

侨居美国的商务印书馆创始人之一夏瑞芳的后代
回国寻根，在中国印刷博物馆与罗树宝老师（右
二）、李英合影

负责之重，于创巨痛深之下，决定于本年八月一日先恢复上海发
行所之业务……，俾敝馆于巨劫之后，早复旧观，得与吾国之文
化教育同其猛进，则受赐者岂特敝馆而已，我国民族前途实利赖
之。"这短短数百字的复业启事，既是对日本帝国主义侵略暴行的
申讨，也是印刷出版界捍卫我中华文化的宣言，是印刷出版人在
抗战时期发出的"中华最美声音"。这台钢铁制成的印刷机，国难
后修整，铁证如山。

二、"战鼓擂手"木质铅印机

从 1939 年底开始，日军频繁进攻晋察冀边区，实行残酷的抢光、烧光、杀光的"三光政策"。在敌人不断的"扫荡"中,恶劣的战争环境要求工厂军事化、轻装化。于是，晋察冀日报社印刷厂工人就一直是这样的状态：背起枪当战士，搞侦察警戒；放下枪当工人，整理铅字，安装机器，出版报纸。

由于常用的铅印机重约 1 吨，移动起来很不方便。为了适应新的战争环境，从 1941 年开始，由报社牛步峰与孟广印、李宝等人负责改制轻便印刷机。他们最先根据铅印机的原理，找到一些废零件，把石印石头变成铅印盘，把石印上的盖去掉，加上大轴，用枣木做滚筒，用轧花机的大轮作为动力。1941 年 11 月 20 日，由石印机改造而成的铅印机试制成功。这次改创的轻便铅印机，重约 250 公斤。

后来，大家又进一步开动脑筋，想出了用木头使机器更轻便的办法。那是在只有几件简单工具如锉刀、锯条、手摇钻的条件下，根据铅印机的原理，自造木头零件。经过 3 次改造，至 1943 年夏，他们终于用枣木制成了木质轻便机。这台印刷机可以拆为 7 个大部件，最大的部件也不过 5 公斤，整机只有手提箱那么大，重量才 30 多公斤，一匹马便可以驮走。因此，它被称为"马背上的印刷机"。中国印刷博物馆便收藏着这样一台凝聚了特殊时期工人们的战斗力和创造力的迷你印刷机，它是创造出了《晋察冀日报》"游击办报"的新闻奇迹的实践者，也是擂响晋察冀边区抗战战鼓的擂手。

晋察冀日报社改造的轻便木质印刷机，被称
为"马背上的印刷机"。中国印刷博物馆藏

除了"马背上的印刷机"之外，晋察冀日报社印刷厂的工人们还开动脑筋，开展了一系列的发明创造。由于铅字字数众多，特别沉重，不利于频繁转移打游击，他们便缩小铅字箱，把印刷字盘改为3000常用字的字盘，规定编辑记者们"三千字内做文章"，也就是稿件用字必须选用这3000字内的字，不能用生僻字写文章，遇到超出范围的字词采用替换近义字词的办法。工人们还将铅活字字身改短，发明可开可合的折叠型铅字架，提高了字架的便携性。一旦敌情紧张，每人背上一件就可爬山越岭，转移到安全的地方，只要借用老乡的一张饭桌，几分钟时间内即可开印。只要有24小时的连续印刷时间，就能保证出版一期铅印报。

三、马兰纸传奇

在电子读物出现以前，纸张是文化生活的主要载体。但民国时期，陕北地区几乎没有机械化的造纸业，只有零星分布的传统手工造纸作坊。所以革命队伍进驻延安后主要依赖采购进口纸张。在被封锁最严密的时候，纸张最短缺之时，有些单位用桦树皮记笔记、出墙报，甚至连医生开处方也用桦树皮。纸张作为文化必需品，一度实行供给制，机关干部和学校工作人员按每人每月 5 张纸的标准供给。

1937 年，边区政府建设厅与一位会手工造纸的地主李双全合作，在甘谷驿开办了一家传统手工造纸作坊，用绳头和破布做原料，采用铁锅煮料、石碾槽碾浆、手工打浆、竹帘捞纸。1938 年 5 月，振华造纸厂在这个手工纸作坊的基础上成立了。

振华造纸厂先后试验过以高粱秆、麦秸、糠秕、蒲草等植物来代替麻做造纸原料，都失败了，只有用稻草、杨木做原料获得了成功。但是，受边区自然条件限制，这两种原材料都不可能可持续大批量供应，必须寻找新的原材料。于是大家把目光转移到马兰草上。陕北的黄土地相对贫瘠，荒原的沟壑里最多的野生植物便是马兰草。马兰草开着淡蓝色花朵，扁长叶子像韭菜似的，呈青绿色。在陕北，当地群众偶尔会用马兰草来搓草绳。经过反复研究、试验，1939 年 11 月，一种泛着隐隐青绿、手感稍嫌粗糙的马兰纸最终成型。此后陕甘宁边区的书籍、报刊绝大部分是用马兰纸印刷的。1939 年 12 月 30 日，《新中华报》消息："振华造纸工业合作社日出报纸一万张。"这种报纸用的纸就是马兰纸。马兰纸的成功研制，从根本上解决了边区缺纸的状况，为中央印刷厂在艰苦条件下坚持生产提供了物质基础保证。经过印刷机的实践检验之后，1940年12月8日，《新中华报》用激动的语言报道，大意为青年化学家（华寿俊）的尝试成功了，边区漫山遍野的马兰草，变成丰富的造纸原料，现在已用了10万斤马兰草造成20万张纸张，印成各种书报刊物，边区的新闻事业，获得极大的帮助。朱德在1942年视察南泥湾时创作了五言长诗《游南泥湾》，诗中颂道："农场牛羊肥，马兰造纸俏。"1944年5月，在延安边区职工代表大会上，华寿俊被授予"甲等劳动英雄"称号。

但是，与进口的新闻纸相比，马兰纸的印刷适应性很差，强度低，砂粒浆块多，纸张厚薄不匀，给印刷带来许多困难，从当时测定的《马兰纸与普通新闻纸的对比数据》中就可以看出来。由于草纤维的韧性不强，有30%的马兰纸有残洞。一开始，这种有洞的纸张在上印刷机的时候都会被一张一张地挑出来，成为残废纸张。后来，印刷厂专门增设了补纸工，预先把有洞的纸挑出来，把洞补好，再送到机器上去印。这样印刷工人就不用一边挑纸一边印了，大大地提高了印刷效率。而且残废纸得到了利用，节约了大量纸张。此外，由于马兰纸为手工抄造，一面比较平整，一面就很粗糙。用正常工艺印出来的书报粗糙的那一面就看不清楚。印刷厂的同志们千方百计地改进印刷工艺，以适应马兰纸张的特殊要求，印出了合格的印刷品。谢觉哉写诗赞叹："马兰纸虽粗，印出马列篇。清凉万佛洞，印刷很安全。"

右页大图　1942年延安造纸厂工人正在生产马兰纸，吴印咸摄。见《中国红色摄影史录》，顾棣编著，山西人民出版社2009年版

右页小图　马兰草

马兰纸与普通新闻纸的对比数据

纸张名称	普通新闻纸	马兰纸
克重（g/m^2）	50 — 60	45
平滑度（秒）	10 — 30	正面 1.26，反面 1.1
吸引性（秒）	5 — 15	正面 1.1，反面 1.0
紧度	0.6 — 0.7	0.5

资料来源：张彦平，《延安中央印刷厂编年纪事》，p55，陕西人民出版社，1988年

中央印刷厂历年用纸情况统计

用纸情况 / 年份	1941 年	1942 年	1943 年	1944 年	1945 年
用纸总数（令）	2425	3469	4471	4800	5080
外来纸（令）	2000	1500	850	50	80
土纸占比（%）	17.5%	56.8%	81.5%	98.6%	98.4%

资料来源：张彦平，《延安中央印刷厂编年纪事》，p.197，陕西人民出版社，1988年

晋察冀日报社统计的纸张价格变化表（价格为边币，单位：元）

	1938	1939	1940	1941	1942
新闻纸（令）	8	12	30	50—120	250—485
土纸占比（%）	17.5%	56.8%	81.5%	98.6%	98.4%

资料来源：上海市新四军历史研究会印刷印钞分会编，《中国革命印刷史资料》第四辑，1987年

右页图　陕甘宁边区用马兰纸印刷的书籍

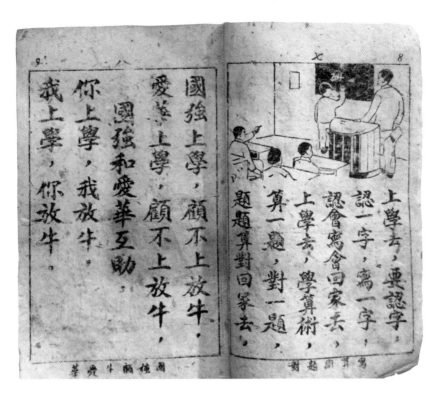

上學去，要認字，認一字，寫一字，認會寫會回家去。

上學去，學算術，算一題，對一題，題題算對回家去。

寫算題對

國強上學，顧不上放牛。

愛華上學，顧不上放牛，

國強和愛華互助，

你上學，我放牛；

你上學，我放牛，

我上學，你放牛。

國強放牛愛華

第二十一課 勞動英雄條件

勞動英雄的條件：

一、自己勤勞生產，幫助大眾生產。

二、組織大眾生產。

三、執行法令，辦事你模範。

四、生產上多想好辦法，對根據地建設有幫助。

第二十二課 算公糧 (一)

徵公糧先要算富力。

白老大家有三口人。自種地收了三石六斗粗糧，租種地收了四石五斗粗糧，出租子一石五斗。

一斗細糧是一個收入富力，自種地五成折米，租種地四成折米。白老大

四、日光照相晒版

石版印刷术流行开后，制版技术日新月异。法国石版画家、物理学家达盖尔在与尼埃普斯合作研究的基础上，于 1839 年发明了最早的实用摄影方法——"达盖尔式"照相法。由此，照相术登上了复制技术和艺术创作的历史舞台。运用这样的方法，德国人阿尔伯特于 1869 年前后发明了著名的"珂罗版"制版法。珂罗版的制版方法是把透明图片覆盖在涂有明胶感光液的印版上进行曝光，明胶受光部硬化，再浸入溶剂中，未硬化的明胶被分解，再经湿化处理，未硬化部分吸水而不吸收油墨，硬化部分则相反。珂罗版传入中国后，意外成为中国水墨国画和书法作品的最佳复制技术，至今还是中国书画高仿真复制领域"以假乱真"的主要方法。

在土地革命时期，中国共产党成规模的印刷厂印书报刊主要采用铅印。但铅印只是针对文字印刷，插图则仍然常常需要木刻小版与铅活字进行拼版。但木刻版画无法印出层次感，也没办法照相制版，因此，当时最先进的工艺就是照相制铜锌版，与铅活字拼版后，印出图文并茂的书报刊。照相制铜锌版就是通过照相的方法，把原稿上的图文信息拍摄成正向的阴图软片，然后把正向阴图软片与涂布有感光胶的铜锌版密附在一起进行曝光，曝光后的铜锌版经显影、坚膜处理，再用腐蚀液将印版上的空白部分腐蚀，最后通过去膜处理得到凸起的印版。如果不是线条稿，而是有浓淡变化的图像，则需要用网目版加网，通过印版上网点的大小控制着墨的浓淡，再现画面的丰富层次。所以不仅灰度图像需要用网点来反映浓淡层次。如需制作彩色图稿，还需采用三色照相制版法，即照相分色。要获得三原色的单色底片，照相时，在镜头前面（或后面）需分次插入红、绿、蓝三原色滤色镜，并改变网目角度，拍摄出黄、品、青三种分色底片。再用三张分色底片分别晒制三块分色印版。这三块分色铜版经过腐蚀、修版之后，即可作为分色印版，逐版套色印刷。

1940 年 12 月 26 日，重庆新华日报社的印刷工人何耀春、林彬调到陕西延安中央印刷厂，并带来了一个四开照相机镜头和一些网目版。照相制版设备本来是成套的，包括照相机镜头、网目版、制版工具、锌版以及化学药品等。从重庆出发时，因为镜头和网目版非常昂贵，为了防止镜头和网目版在运输中被损坏，就由何耀春和林彬随身带到延安。其余的全部装箱，计划经西安再转运到延安，但这些设备到西安后被国民党当局扣留。为了尽快开展照相制版生产，由何耀春绘出图纸，请延安美坚木工厂利用从重庆带来的镜头制造了一个木质的照相机，还自制了一台腐蚀锌版的烂版机。制版工具等由本厂的铁工和木工分别制造，后又从重庆调来一批锌版和化学药品。其他一些药品如酒精、硫酸、硝酸钠等，在安塞或延安市面上购买。照相制版没有电弧灯，就用日光代替，制版"看老天爷的脸色"，光线不好的时候就没办法工作，但不管怎么样，也算是克服了重重困难，终于可以进行照相制版生产。从此，延安中央印刷厂就可以用自己制的锌版印制富有层次的领袖像和图文合一的地图。苏德战争爆发后，《解放日报》经常要刊登地图来表明战况，靠日光照相和晒版，无论如何也不可能满足日报出版的需要。刻字部主任陆斌创造了木刻地图镶嵌铅字的办法，在一小块木刻地图中镶嵌十几个地名，仍可使地图很清晰明了，代替锌版印刷，弥补了因条件不足而造成的制版困难。照相制版材料主要是锌版，由于锌金属来源困难，因此在生产中制版数量是受到严格控制的，以保证必须。因此，照相制版的生产任务一直不足，

专门负责照相制版的工作人员，平时还分别在会计科
和排字部工作，有生产任务时才集中起来制版。

　　延安中央印刷厂采用日光照相和晒版法虽是无奈
之举，但仍然在印刷战线得到推广。1944 年晋察冀边
区的晋察冀画报社也采用了这样的办法照相、制版、
印彩色画报。

上图　1944年，晋察冀画报社工人在用木质
照相机照相，日光晒版。见《中国红色摄影
史录》，顾棣编著，山西人民出版社2009年
版

右页　1944年冬，在阜平洞子沟，晋察冀画
报社制版工人用日光晒版。见《中国红色摄
影史录》，顾棣编著，山西人民出版社2009
年版

五、炸弹制成打样机

一般我们把印刷分为印前、印中、印后三个环节。印前主要就是指制版环节，如果是铅印，印前至少包括刻字模、铸铅字、拣字、排版、拼排；如果是木刻印刷，印前就包括备板、写样、上样、刻版。印中即是印刷，包括机械印刷或者手工印刷。印后即装订，包括裁切、模切、装订等，当然，装订方式各式各样。现代印刷业，在印刷之前，还有一道重要的工序叫打样。把制成的印版，装在打样机上进行试印的工作，称为打样。为什么要进行打样呢？

传统的手工印刷工艺是不用打样的，准确地说是不用打样机的。因为，如果雕版印刷刻版完成后，在印刷时发现错误，刻工自己默默地补版修版就可以了，没有专门打样的分工。但机械印刷出版时代，随着工业化分工，出现了专门的编辑和校对，照相制版等化学方法的应用更使印刷品无法"所见即所得"，因此，打样显得愈来愈重要。不过，不同的印刷工艺有着不同的打样目的。对于铅印来说，打样的目的主要有两个：一方面是校对错别字，因为铅活字在排版过程中字面是凸起的反字，另外字号一般又很小，非常容易出错；一方面是测试纸张和油墨的适印性。对于石印和胶印，特别是照相制版的彩色印刷来说，只有经过打样才能检验出色彩再现是否达到了要求，为正式印刷提供墨色、规格等依据及参考数据。

在艰难困苦的战争岁月中，绝大多数的印刷厂都没有打样机。在铅印书报刊的过程中，打毛坯校样就用拼版人员的手掌来回摁；打付印清样，则要在铅版上滚上油墨，覆上纸张，口喷清水，然后用长柄板刷轻轻敲打。

1941年夏秋之季，延安中央印刷厂职工捡回一颗日本飞机投下之后并未爆炸的重磅炸弹。弹体是直径约为200毫米的圆筒。他们把雷管取下，卸去弹头和弹尾，倒出炸药，将弹体填实，并镶一根铁芯，再利用一个铁质平台镶上两条轨范，制成了一台简易打样机，解决了中央印刷厂长期没有打样机的困扰，从此书版打样的问题得到了解决。

敌人的炸弹一点都没有浪费。除了弹体之外，弹头还被用来做报时钟，通知人们按时作息。在延安革命先辈的回忆里，这用日本人的炮弹做的时钟格外清脆，当当声响遍清凉山。

1944年7月，被八路军营救的美国飞行员白格里欧中尉（右一）参观晋察冀画报社，这是画报社工人在用打样机打样。沙飞摄，河北省平山县晋察冀画报社陈列馆藏

六、毛边纸打纸型版

何为纸型？何为纸型版？现在的人都知道铅活字、铅版，但很少有人知道纸型和纸型版。一般认为，将铅活字排版形成印版，之后直接进行印刷。但是实际上铅活字有三大缺陷：第一，是耐印率有限。通常铅活字的最佳印量在5000印左右。印量过大，就会因为磨损严重而漫漶不清。所以对于发行量很大的印刷品，铅活字印版难以胜任。第二是无法实现多地或多机同时印刷。第三是铅活字印版特别沉重，异地运输难度很大。纸型版的出现解决了这三大难题。纸型版就是在排好的铅活字版上，铺上薄纸，手工鬃刷压打，重复多层，最终制成又厚又硬的纸质母版。当然，早期是手工打纸型，后来研制成功打纸型机。有了纸质母版，就可以浇铸出与铅版内容完全相同的整块铅印版。通常，一张纸型版，可以浇铸出 5～10 块整铅版。这样，不仅解决了大印量的困难，还解决了异地印刷的难题，特别是从根本上解决了没有铸字设备的印刷厂的可持续生产，因为铅活字可以反复使用，很少磨损了。

纸型版的用纸有两个关键的特性，就是薄和韧。只有既薄又有韧性的纸张才能最好地塑形，最终毫厘不差地复制出铅活字的细节。所以一般纸型版用纸多为薄如蝉翼、柔韧筋道的雁皮纸。但是，在民国时期，质量好的雁皮纸大多产自日本。对于共产党的印刷厂来说，获得日本雁皮纸的机会非常少，一切都要自力更生、发明、创造。

打好的书籍纸型版，还没有经过浇铸整铅版，呈现自然纸的颜色

　　以前县委领导农业习惯于"一看地皮、二顾肚皮"，眼睛只盯着谷子，经营单一，现在他们鼓励农民"八仙过海，各显神通"。农村各种专业户迅速发展起来。全县养鸡专业户达378户，养猪专业户有892户，养鸭专业户共884户，养蜂专业户有85户，养鱼专业户计298户，搞手工业的有3560户等等，各种专业户占全县总农户的14.5％。邓埠乡农民倪荣生包了92亩水面，鲜鱼产量为23000斤，去年纯收入超过万元。中童公社养黄鳝专业户一年养黄鳝收入就达5000元。兰田畈村夏水祥一家，10口人承包22亩田，其中19亩种水稻，共收29000斤谷子，3亩种花生、黄麻、饲料，去年一家收入达4000元。全县人平收入，1958年为37元，1966年至1976年期间，在80元上下浮动，到1978年达到136元5角，去年跃到314元，比1978年翻了一番。如今全年有300幢左右的新房在农村新建，每一幢差不多都有130平方米的建筑面积，这在以前是想也不敢想的。据县委书记告诉我们，余江县农村1983年比起历史上任何一个时期，在农业总产值、粮食总产量、对国家贡献、多数农副产品产量、多种经营产值等等方面均有了幅度较大的增长。我们就用受灾严重的1983年与特大丰收的1982年比较，农业总产值增长3.23％，生猪存栏数增长7.1％，家禽增长17.1％，水果产量增长27.7％，林业产值增长65％，粮食商品率提高3.5％，耐用消费品销售量急增，自行车消费量增长42％，储蓄余额增加31.8％……这些数字也许是枯燥的，但是在这些数字的后面，不正是反映出了余江人民在治穷方面所做出的巨大成绩吗！

　　余江在前进。勤劳、智慧、勇敢的余江人民在党的领导下，在不远的未来，定能以更加出色的成就，奏出一曲更为鼓舞人心的凯歌！

1943 年 5 月，延安中央印刷厂年仅 22 岁的青年工人石新法，发明了用毛边纸代替薄型纸打纸型的工艺，这一工艺解决了在战争年代无法获得优质的雁皮纸的难题，保证了生产的正常进行。中央印刷厂用毛边纸打纸版的试验从 1940 年已经开始。在实验过程中，毛边纸、有光纸和药水纸，都充当过薄型纸的代用品，但因为毛边纸的韧性不好，有光纸的纸质太脆，一打就破，药水纸不吸浆糊，与后续几层的厚纸粘黏度不好，多次实验均告失败。功夫不负有心人，石新法等人经过反复研究，终于成功，毛边纸纸型版能浇铸 5 块铅版而不坏。石新法还总结出用毛边纸代替雁皮纸打纸型的四个要点：一是毛边纸韧性差，每次需用 3 层较厚的毛边纸。二是毛边纸容易被打破，必须把毛边纸刷得湿一些，增加柔软性和拉力。三是打纸型时要使用手腕上的劲儿，并注意用力适度，仔细耐心。四是浇铅版必须缓缓浇铸，烙版的火力以温弱为好。为了推广这次印刷技术新经验，《晋察冀日报》于 1943 年 6 月 26 日刊发了题为《延安中央印刷厂工人试制毛边纸版成功》的专版报道。

纸型版还有很多优点，它可以浇铸出圆铅版用于滚筒印刷机，它翻印准确、传送方便、轻巧耐用、易于保存。各抗日根据地之间常常靠传递延安统一打出的纸型来翻印书、报、刊。尽管在铅与火的年代里，纸型版做出过巨大贡献，但历史的车轮滚滚向前，纸型版最终和铅印一起被历史淘汰。现在，纸型版和打纸型机都只能在博物馆里才能欣赏到了。

左页上　32开书籍目录纸型，浇铸过铅版的纸型呈现出金属感的灰黑色

左页下　打纸型机，中国印刷博物馆藏

七、延安式排字架

众所周知，中国人毕昇在公元 1045 年前后就发明了活字印刷术。他当时将自己制作的活字"每韵为一帖"，分别用"木格贮之"，这就是最早的活字贮字设备。1298 年，元代的农学家王祯又发明了"活字板韵轮"，用转动的设备存放活字，这项 700 多年前的发明，可以说是一项具有"后现代"意义的发明。他的韵轮相当于是把车轮横过来形成可以转动的盘，把木活字按音韵排在木轮盘上。排字工人可以坐着拣字，制成活字版，工效提高，劳动强度减轻。王祯发明的活字板韵轮被后人称为转轮排字盘。这种排字盘用王祯本人的话来说就是："一人中坐，左右俱可推转摘字，盖以人寻字则难，以字就人则易。此转轮之法不劳力而坐致，字数取讫又可铺还韵内，两得便也。"

德国人谷登堡发明机械印刷机以后，工业化的印刷生产中，活字只能采用金属活字。金属活字十分沉重，即便采用了相对轻的铅合金，活字版也同样很沉重。对于只有 26 个字母的西文世界，这个问题并不十分突出。但是，对于拥有海量汉字的中文世界，"铅字之重"和"铅字之众"成为难以逾越的瓶颈。由于汉字铅字众多，为结实耐用，贮字只能采用立式字架。清末以来，西方传教士们为了达到传教的目的，在中国与中国人一起研究中文活字的规律存储，科学排字，铅活字字架不断创新、改良，从"元宝式"字架到"统长"字架，到"艺光式"字架，凝聚了一代一代人的心血。我常常将铅印时代的中国和西方进行对比，场景很尴尬：西文的排字架是放置在桌子上的，西文排版工人端坐在桌前，"优雅地"拣字排版，如同今天的我们敲击电脑键盘；中文的排字架立在地上，需要堆满整整一个房间，排字工人手里拿着字框，匆忙地往返于字架间，低头间排字工经常撞个满怀，他们每个人每天要在这狭窄的空间里走出十多公里。

延安中央印刷厂最初使用的铅活字排字架是上海商务印书馆的老式"艺光式"字架。这是按照汉字部首来归类的字架。比起之前的常规排字架，"艺光式"字架比较先进，主要改进在少数特色常用词语的集中方面。但还是存在没有规律、难以记忆的问题。而且原有常用字盘中冷僻字还是挺多，占在主要位置又没有用。像"党"这样的新兴常用字，放在最后一盘，太低，拣字时很不方便。这样一些常用字的备份字容量也太小。总之，普遍感觉这样的字架已不能适应党的事业、抗日战争的宣传和教育工作服务了，亟需进行改革，以适应新形势新需要。

1942年陕甘宁边区开展"赵占奎运动"。这个运动是向先进人物赵占奎学习看齐，争取全面进步。在这次运动中，排字工人根据实际情况，以现有的铅字为基础，开动脑筋，研究分析，创制了独具特色的红色排字架。经赵鹤和沈绥南等同志反复研究，并对书、报、刊用字进行统计，根据每个字的使用频率进行分析，把使用的字分为"最常用字""常用字""备用字""部位字"四类，构成了新式字架编排的基础原则。

印刷排版中使用的汉字单字约9000个。根据统计数据，确定了由1500个常用字组成的"常用字盘"。其核心创新就是创制"活词"。例如将"人""民""革""命""共""产""党"这些原本东一个西一个的单字连起来，铸成人民、革命、共产党这样的词条，叫作连串字。把这1500个常用字共编排成32盘。从33盘到80盘为"部位字"，按照部首笔画排列，记忆和使用规则与传统相似，比较方便。其他的盘就是备用字盘，用来补充常用字和部位字的不足。把字盘放在相互接近的地方，以胸前为中心，向四周伸

展。把最常用的字放在离手最近的地方。这样，独创的排字架按照独特的规律组合起来，不仅能提高劳动效率，还减轻了劳动强度。

新的排字架就这样诞生了，它被命名为"延安式字架"。新式字架投入使用后，排字的效率不断提高，从原来每小时排 1000—1200 字，上升到每小时排 1500—2000 字，排版质量是平均每 1000 字错 1.5 字。还字的速度也极大地提高。后来，在"延安式字架"的基础之上，为了适应游击战争的需要，排字工人还创造出字数更少的"行军字架"。"行军字架"只需要两匹骡子就能驮走，稍加安装即可生产，这种字架在战争中发挥了很大的作用。

1942年河北平山碾盘沟晋察冀画报社排字架。
沙飞摄，河北省平山县晋察冀画报社陈列馆藏

八、土法上马做铜模

正像茅盾的《少年印刷工》中所描写的那样，铜字模是铅印厂里面最贵重的资产。因为铜字模是铅活字的"母亲"。除了临时性的刻字外，一个一个铅活字都是通过已有的铜字模浇铸出来的。铸字是铅印技术里面一道非常重要的工序。由于铅活字的耐力是有限的，如果直接用活字版印刷，一副铅活字的字面很快就会遭到磨损，印刷质量下降，需要重新化铅，再铸字。所以成规模的铅印厂不仅需要铜字模，还需要铸字机以及铸字工。中小型铅印厂一般只有几副铅字，并没有铸字的铜模和设备。当然，临近前线的战地印刷厂大都不具备铸铅活字的能力，有铜字模的印刷厂少之又少。

新四军三师政治部印刷厂在抗日战争时期，通过上海地下党买到一副新5号宋体字的铜字模，但是这副铜模是活芯铜模，专业术语叫阔边儿片模。铜字模经历了几次技术革新，所以字模有片模、条模、镶模。字模材料不仅限于铜，尝试过多种材料，但总的说来以铜字模为主。早期的手动式铸字机，一般对应的都是条形铜字模。片状字模一般适用于后来的半自动、全自动铸字机。新四军三师政治部苏北印刷厂就面临了这样尴尬的配置：一台老式手摇式铸字机，一套新式的活芯铜字模，显然，这样的配置铸起字来非常不方便。当时印刷厂铸字股有4个人，但只有夏荣发是专业的，他曾在上海的大印刷厂做过铜模和铸字工作。参加革命之后，他工作积极负责，人和蔼可亲，干起活来不怕脏、不怕累，从不计较个人得失，所以苏北印刷厂的同志都称他"老好人"。他这"老好人"的事迹还曾被《盐阜报》报道。"老好人"夏荣发曾经做过镶模，所以他提出动手浇铜条，把片状字模镶成铜条状字模。经上级批准，铸字股的4位同志开始上马做字模。

铜字模在当时可是属于"高新技术"。之所以说"土法上马做铜模"，就是因为这在当时的人们看来，手工改进铜字模简直不可思议，技术太高端，方法很原始。在当时经济条件和技术水平比较落后的苏北阜宁乡下，改进铜模的困难非常多。要浇铜条就需要有翻砂的模子。所以第一步是到镇上打铁铺里打一只铁模子。第二个问题来了，没有黄铜料，只能在集镇上收集废铜。有了铜料，还要化铜，化铜需要收集煤、焦炭以及手拉风箱……真是费尽心血，克服重重困难，花了九牛二虎之力，每天十多个小时的工作量，连续十多天，大家才完成了浇铜条这一步。接着进行锯、锉、镶铜模。这些工序中只有"老好人"夏荣发是熟练工。大家跟着他边学边做，手指经常被弄破流血。从上马做铜模到开始铸字，一共花了半年左右的时间，当用全副新5号新铜模铸出新字、印出文件书籍时，印刷厂全体同志都很高兴。

上图　铜字模——片模

中图　铜字模——条模

下图　铜字模——镶模

第八章

红色印刷英雄

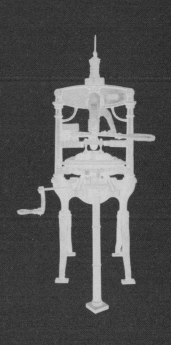

20世纪上半叶，在那风雨飘摇、国厦将倾的危难时期，中国新闻印刷出版战线的志士们，怀着满腔的爱国情、报国志，一手拿枪一手拿笔。拿起枪，他们是打敌人的战士；放下枪，他们便是或铸字或排字或印刷的工人，生产着打击敌人的"纸弹"。在枪林弹雨中，他们贡献出智慧，奉献着青春，有的甚至牺牲了生命。今天，新闻印刷英雄铁骨铮铮的话语犹在耳畔："永远要留着两颗手榴弹，一颗给敌人、一颗给自己和印刷机。万一走不脱，就什么也不给敌人留下！"岁月长河，历史足迹不容磨灭；时代变迁，英雄精神熠熠发光。今天，中国正在发生日新月异的变化，我们比历史上任何时期都更加接近实现中华民族伟大复兴的目标。正因如此，我们更是要铭记历史，致敬英雄，缅怀先烈。

　　革命先烈们，国家知道你们，山河记得你们，我们永远缅怀你们，有你们才有今天的盛世繁华！

青年工人

世界的勞動者聯合起來啊!

月 刊

第 二 期

一九二四年二月十五日

定價每冊二分半

一、坚贞不屈的张阿云

张阿云是浙江绍兴人，原本是一名泥水匠。因家境贫寒，他只读过三年书。全民族抗战开始后，他投奔在皖南的新四军，在新四军军部印刷厂机器房工作，主要任务是印《抗敌报》。

张阿云是一名非常坚定的共产党员。1941 年初，他在皖南事变中不幸被俘，被关在国民党建在江西的集中营里。四周一道道铁丝网，山头上布满岗哨，各处路口都有宪兵把守，想逃出来是很不容易的。他装出一副憨傻模样，慢慢地取得了事务长的信任，最终获得了一个人上街买菜的机会。他每次上街都注意了解周围的地形通道、宪兵的岗哨位置和防守弱点。筹划成熟之后，在一天又独自上街买菜时，他找了个隐蔽之处，脱下国民党发的衣服，仅穿着内衣逃走了。历经辛苦，由江西经浙江后到上海，于 1942 年春节前回到了苏中根据地，他加入滨海报社印刷所，开始了新的战斗生活。一般来说，印刷厂的工作要算机器房最重最累。为反"扫荡"，印刷机经常要往水里丢、地里埋，损坏情况很严重，几乎三天两头要修理，机器房的同志总要工作到深夜。张阿云不怕苦不怕脏，晚饭后别的同志都休息了，他还是精神饱满，边干活边唱歌，不知道疲劳。

当时的苏中根据地，随时要准备做反"扫荡"的战斗。一旦得到敌人出动的消息，印刷所就立刻将铅字、印刷机等器材装箱，放进挖好的地坑里埋起来，上面盖上土，伪装成坟墓，迷惑敌人。敌人"扫荡"后，立刻挖出来恢复印报。但

在敌人酷刑面前张阿云坚贞不屈。段振佩画，
选自《烽火年代的印刷战线》

1942 年初春的一次敌情来得很突然，印刷机只能被紧急拆开，被丢进了驻地前的
一个水塘里。敌情过后，又要迅速恢复印报。当时春寒料峭，气温很低，水面
上还冻着薄冰，人们穿着棉衣，还觉得寒冷。在这种情况下，谁下去打捞机器呢？
这时，张阿云脱去棉衣，只穿一条短裤，一头扎下去了，将一个个机器部件捞
上了岸。时间长了他冻得嘴唇发紫，说话困难，在岸上的同志和老乡，都叫他

上岸。最终等大家齐声说机器部件全够了，他才不慌不忙地走上岸。老乡们用棉被将他包起来，扶着他到有阳光的墙边坐下休息。可是最后经过详细检查，还缺一根油槽没有捞上来，这可是机器上的关键部件。这时有些青年被张阿云的行动所感动，纷纷报名下水捞槽。为防寒保暖，他们还都喝上几口酒。但走到深水处，就纷纷跑回岸上，都说太冷了。看到这种情形，阿云猛地将裹在身上的棉被推开，再次钻进水里。经过前面的摸捞，确认油槽被踩压在淤泥底里了，阿云挖去油槽上的淤泥，用麻绳穿绑扎紧。岸上的人久久不见阿云上来，都为他揪心。最终，阿云爬上了岸，油槽也被捞了上来。

1943 年的夏季，接到通知说敌人要经过印刷所驻地，大家从容地将全部印刷器材装箱埋伏好。张阿云和另外两个人留下看守埋好的印刷物资，其余同志全部撤离。一个炎热的午后，通信员王有才从他们的驻地赶来，要取几条军毯。而军毯和几令白报纸均藏在不远处的一个废弃的盐灶屋内。张阿云坚持由他带王有才去取。他光着脚，没带任何武器就去了。就在阿云取出军毯给王有才带走后，门口突然出现几个敌伪大队的尖兵。这些汉奸一眼看出他不是老百姓，就问他是干什么的，阿云理直气壮地说自己是新四军，并反问他们是干什么的。最终阿云被敌人抓住，两手两脚被绑起来，吊在一棵大树上，整整吊了半天一夜。敌人不断残酷地折磨张阿云，但他坚贞不屈，除自称是新四军外，其他一字不说，敌人无可奈何，兽性大发，用铁锹将他的锁骨戳通，穿上绳子，边拉边打，最终把阿云活活打死。

张阿云就这样光荣牺牲了，年仅 33 岁。他是共产党的好党员，是新闻印刷战线的英雄。他没有留下照片，也没能留下后人，但是，他永远被记录在中华民族的奋斗史上。

二、女工劳动英雄李凤莲

李凤莲出生于 1920 年，是陕西省榆林市靖边县人。因为家穷，她 3 岁就被卖给他人，13 岁做了童养媳，丈夫是残疾人。1935 年陕北开展土地革命，当时只有 15 岁的她毅然参加了红军，先后在部队女工厂、被服厂做工。1937 年初，她和同是被服厂的赵永泰结婚了。赵永泰后调入延安中央印刷厂工作，李凤莲也跟随他调入中央印刷厂。

1938 年初，她在中央印刷厂加入中国共产党。在中央印刷厂，她主要在装订部从事折页工作。在战争岁月里，印刷厂的工作是令人向往的，但工作专业性较强，一般的学徒工是学 4 期，共一年半，满期之后才能成为正式工人。李凤莲到岗后，工作积极，满 2 期就成为正式工。她的工作是保质超量，每天能折 4500—4600 页，并且折得整齐，页码无误。当时中央印刷厂的装订部约有 18 人，每天每人平均仅能折 2000 多页，差不多比她少一半。对于产量高的原因，李凤莲自己说："我做得多，主要是自己工作认真和抓紧时间，工作的时候专心努力不开玩笑，另外我起得很早，常常我起床时天上还有星星，我把火生着，折一二百页，别人才起床，到正式上工时，我常折到三百多页。"除了折页之外，她还会用裁刀切书。1939 年，她在印刷厂获得陕甘宁边区劳动英雄称号。自此，她连续 6 年获得劳动英雄称号，并年年出席陕甘宁边区群英大会。1944 年 1 月 29 日，《解放日报》刊登《劳动英雄李凤莲》，文章分甲、乙、丙 3 个版块，大篇幅报道了李凤莲的事迹。同年陕甘宁边区妇女联合会编写铅印的《女工劳动英雄李凤莲》小册子公开发行。1950 年，在全国工农兵劳动模范代表大会上，她被授予全国劳动模范称号，从此红遍大江南北。之后，各种荣誉始终包围着她。她的故事被编入故事会、连环画，由华北联合出版社、山东人民出版社、中国青年出版社、灯塔出版社等出版社分别出版发行，在中华大地广为传颂。

中华人民共和国成立后，李凤莲当选为第一届、第二届全国人大代表，第一届全国政协委员。

右页上右　　1944年1月29日，《解放日报》刊登《女工劳动英雄李凤莲》

右页上左　　陕甘宁边区妇女联合会编，陕甘宁边区生产运动丛书《女工劳动英雄李凤莲》，1944年铅印

右页下右　　人民解放战绩连环画《永远光荣的李凤莲（一、二)》，灯塔出版社1951年版

右页下左　　《女工的榜样李凤莲》，山东人民出版社1952年版

三、"印刷厂老板"毛泽民

毛泽民是中国共产党早期印刷出版工作的
负责人之一。国共合作时期,上海书店是中共
中央出版发行部公开的发行机构。在毛泽民到
上海之前,上海书店由瞿秋白领导。1925年冬天,
毛泽民被派往上海,担任中共中央出版发行部
经理,主持上海书店和印刷厂工作。他化名杨
杰,公开身份是印刷厂老板[①],主要负责印刷发
行党的所有对外宣传刊物和内部文件。随着中
共中央机关刊物和各种革命书籍的发行量逐渐
增大,上海书店的印刷能力已无法满足需要,
于是毛泽民在培德里建立起秘密印刷发行机构,
专门负责党中央文件和内部刊物的印刷及发行。
不久,他奉命赴汉口创办长江书店。从此,他
频繁穿梭于沪鄂两地,千方百计调运印刷物资,
打通发行渠道。他还在上海开设了大明印务局、
瑞和印刷所。1927年,毛泽民在派克路秘密创
立了协盛印刷所,这是当时党中央最大的秘密

毛泽民照片,见《寻踪毛泽民》,
曹宏等著,中央文献出版社2007
年版

① 英霆.白色恐怖下的中共中央地下印刷厂[J].党史
纵横,2011(01):58-59.

中华苏维埃共和国国家银行钞票，壹圆券左下角
的签名便是毛泽民的签名。中国钱币博物馆藏

印刷机构，毛泽民兼任协盛印刷所的负责人。

1928年12月，协盛印刷所遭到敌人的破坏。为安全起见，党中央决定
调毛泽民去天津工作。1929年，毛泽民带领印刷所部分同志和机器悄然前往
天津。毛泽民到津后，把英租界广东道福安里4号（今唐山道47号）一所
一院两厢的青砖楼房作为厂址，将印刷机器迅速安装起来。几天后，华新印
刷公司在一片鞭炮声中开张了。此时的毛泽民化名周韵华，公开身份为华新
印刷公司的老板。

为了迷惑敌人，华新印刷公司的一层对外营业，承接的业务五花八门，
有信纸、信封，卡片、表格、发票、税票，请柬、喜帖，还有戏院的演出广

告、糖果包装纸等。二楼则是印刷党的报刊和读物的重地。来印刷公司联系业务的人，须先在柜房接洽，不能擅入车间。如有人发现形迹可疑的人，便按动办公桌下的电铃，向车间报警，在车间工作的同志们便迅速撤下正在印刷的文件，而改印通俗刊物。

清代曾在大致相当于今天的河北与天津和北京两省一市的区域设立直隶省和顺天府，此后人们就用"顺直"来称呼这一地区。中国共产党曾于此建立顺直省委。中共顺直省委是中共中央在北方建立的第一个省级机构。其重要任务是贯彻党中央的决议，整顿党组织，恢复与各地党组织的联系，指导各地工作。中共顺直省委在天津最繁华的劝业场附近（法租界24号路17号）开办了北方书店，作为华新印刷公司的秘密转运站。华新印刷公司印出的书刊先送到这家书店，再由书店分发、邮寄出去。当时，中共顺直省委还在法租界五号路（今吉林路与营口道交口）一处砖木结构的临街门面房，开办了一家名为华北商店的古玩店，负责同共产国际和党中央联系，接转党的文件和党的经费。时任中共顺直省委秘书长的柳直荀（化名刘克明）是古玩店的东家兼经理。当时中国共产党在天津印制的文件多由柳直荀负责定稿，毛泽民常以打麻将牌作为掩护来店中开展工作。

由于组织严密、经验丰富，华新印刷公司在天津的两年中，印刷了大量党的文件和刊物，一直未被敌人发现。

四、"红色火种守护人"张人亚

　　1898 年,张静泉出生于宁波霞浦一户普通的农家。为了谋生,在他 16 岁时,父亲张爵谦托关系将他送到上海凤祥银楼做学徒。在上海,张静泉耳闻目睹国家民族的危亡和工人阶级的苦难,又接触《共产党宣言》等马克思主义的书刊,确立了共产主义的信仰。1922 年他加入中国共产党,成为上海最早的工人党员之一,并出任上海金银业工人俱乐部主任,领导工人积极投身反帝反封建的革命斗争。为了革命,他把自己的名字改为"人亚"。

　　1927 年,"四一二"反革命政变突如其来,白色恐怖笼罩上海,革命形势急转直下。危难之时,张人亚牵挂着他多年革命工作中收存的马列著作和党内文件,其中包括《共产党宣言》第一个中文全译本、中国共产党第一部党章、中共二大和三大决议。这些书刊、文件,不仅是党的重要文献,也是他的精神指南。血雨腥风中,张人亚冒险回到老家,与父亲商议,对外宣传自己失踪生死不明,在张家墓地为他起一座衣冠冢,将文件藏于其中。

　　1931 年底,张人亚来到中央苏区。1932 年 6 月 15 日,张人亚任中华苏维埃共和国出版局局长兼印刷局局长。从繁华的上海到瑞金,迎接他的是更为严峻的斗争形势和更为忙碌的工作状态。瑞金地处山区,风景秀美,静静的绵江河畔,树木浓郁茂密。由于长时间的经济封锁,瑞金红色根据地的生活条件特别艰苦,食盐、煤油、药品,样样都缺。大家节衣缩食,为的就是供应前线。当年张人亚工作生活过的房间犹在,木床、书桌、衣柜、餐桌、煤油灯,寥寥数物，陪伴着他走过人生最后的岁月。1932 年 12 月，积劳成疾的张人亚带病从瑞金赴福建长汀开展工作，途中逝世，时年 34 岁。1933 年 1 月 7 日，《红色中华》第 46 期上刊登《追悼张人亚同志》，我们失掉了"一个最勇敢坚决的革命战士"。

年复一年，张静泉没有回家，直到中华人民共和国成立后，他依然杳无音信。张爵谦让家人打开"衣冠冢"，将这些在墓穴中埋藏了 20 多年的书刊、文件，带到儿子曾经工作和战斗的大上海，交给人民政府。这时，张家人才得知张人亚的人生定格在了 34 岁。

今天，张家父子两代人用生命守护的红色宝藏中的《共产党宣言》，就静静地陈列在中共一大会址的展厅里，历经沧桑岁月，封面上仍依稀可见两行蓝色的印签："张静泉（人亚）同志秘藏山穴二十余年的书报"。

浙江宁波北仑霞浦街道张人亚党章学堂

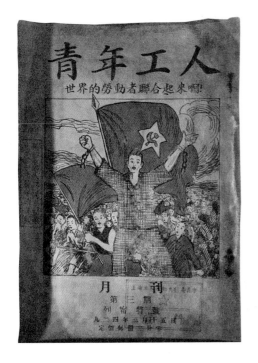

张人亚保存的书刊——《共产党宣言》
和《青年工人》。中共一大纪念馆藏

长汀县博物馆藏毛铭新印刷所的石印机

五、"001号"离休同志毛钟鸣

　　中国共产党在革命战争时期从无到有地开创了新闻印刷事业，得益于一批支持党的印刷事业的先驱者。毛钟鸣就是其中的典型代表。毛钟鸣是福建长汀人，家中排行老三，父亲毛朝宗早先从事农产品贸易，因经常运物资到潮汕等地，了解到当地印刷业比较发达，后送毛钟鸣大哥毛焕章到潮汕等地学习印刷技术。1921年毛焕章学成之后，返回汀州创办毛铭新印刷所，填补了汀州印刷业的空白。毛钟鸣也学得了印刷技术，成为熟练的印刷工人，并在承印进步书刊时接受了新思潮和新文化。1926年10月毛钟鸣参加了北伐军，大革命失败后则奉命返汀从事革命活动。

　　1928年4月毛钟鸣加入中国共产党，毛铭新印刷所也成为地方党组织的工作据点。1929年3月14日，红四军入汀，毛泽东在"辛耕别墅"听取了临时县委书记段奋夫对毛铭新印刷所及毛钟鸣的介绍后说："印刷所有共产党员，印刷设备有石印、铅印，条件很好，应该为革命发挥作用，我们很多宣传品正需要大量印刷。"汇报会上当即指定由毛钟鸣专门负责此项工作。毛钟鸣接受毛泽东交代的任务后，即率"毛铭新印刷所"职工在17天之内为红军赶印了《中共六大决议案》《十大政纲》《红军第四军司令部布告》《告商人及知识分子书》《告绿林兄弟书》等大量文件、布告。

　　1929年11月，红四军再次入汀，组织"古城暴动"。取得胜利后，开始建立自县城至乡镇的苏维埃政权、工会、农会、游击队及赤卫队等组织。不少地下党员开始公开工作，毛钟鸣的弟弟毛如山也在此时公开参加革命工作。毛泽东十分注重长汀人民的斗争情况，认为毛如山公开工作不利于保持毛铭新印刷所对外的商业面貌，而"革命宣传好比是向敌人发射的精神炮弹，印刷所好比是制造这种精神炮弹的兵工厂"，因此有必要对其进行掩护与保护。后经长汀县委策划，以毛铭新印刷所大部分是豪绅资本为借口，查封拆走小部分印刷机器，以这种方式为印刷所涂上一层保护色，使其继续以商铺的形式经营，消除反动派的怀疑从而继续为革命服务。

1931 年，红军在粉碎国民党军队的三次"围剿"后，将闽西、赣南根据地连成一片。11 月，苏维埃临时中央政府在瑞金成立。为巩固、发展中央革命根据地，印刷事业显得尤为重要。可以说，中央苏区的印刷业是以毛铭新印刷所为基础而发展壮大起来的。毛钟鸣通过培训印刷技术人员，利用自己的商业渠道从"白区"购买印刷设备和原料，先后协助创办了中央印刷厂、军委印刷厂及财政部印刷厂，使中央苏区的印刷事业得到空前的发展，无怪后人称他为"中央苏区印刷事业的开拓者"。

由于毛钟鸣一直是以商人身份从事党的秘密工作，多年以来很多人都误以为其是资本家，而这位中央苏区印刷事业的开拓者，始终默默地坚守在自己的岗位上，以自己的力量与方式为革命做贡献。新中国成立后，他受中央委派在中国香港、新加坡从事党的秘密工作。1958 年回国后，他先后在广东省委、中央直属机关工作，曾任第四届、第五届全国政协委员。中央实行离休制度后，他领到的离休证的编号为国字 001 号，即新中国的第一号离休证，从中可以看到国家对其及革命事业的贡献的高度评价。

1986 年 2 月 1 日，毛钟鸣同志在上海逝世，终年 85 岁。

六、太行新闻烈士何云

何云（1905—1942），原名朱士翘，出生于浙江省绍兴市上虞县朱巷乡（今上虞区永和镇）一个贫苦农民家庭，1921年考进杭州师范学校，毕业后回乡任教，并投身上虞县农民运动之中，1930年赴日本早稻田大学读经济系，后转入铁道传习所。1931年九一八事变发生后，他毅然停学回国，参加抗日救亡工作。

1938年，党中央决定创办《新华日报》，何云被调往汉口参加筹备工作，担任国际版编辑。12月，《新华日报》华北分馆成立，何云任分馆管理委员会主任（社长）兼总编辑。1939年元旦，中共中央北方局机关报《新华日报》华北版创刊号诞生。

1940年8月，百团大战开始。何云随八路军总部和第一二九师刘伯承、邓小平奔赴前线组织战地新闻采访，在火线上编辑、审稿、刻印、发行，以最快的速度把战斗消息传播出去。为鼓舞部队士气，宣传百团大战胜利，发挥了巨大作用。在残酷的对敌斗争中，虽然报馆经常转移，但报纸的出版从未间断。《新华日报》华北版被敌后抗日根据地军民称为"华北人民的聪耳，华北人民的慧眼，华北人民的喉舌"和"华北抗战的向导"。

重庆《新华日报》记者陆诒曾两次采访何云，他回忆对谈交流时的情景："你们在国民党统治区办报，只是笔杆抗战而已，可是在此地，则是铅字和子弹共鸣，笔杆与枪杆齐飞。"

1942年5月下旬，日军调集大批人马"扫荡"我太行抗日根据地。驻扎在辽县武军寺的八路军总部是日寇奔袭的目标，于是总部转移到辽县东南的池子里，但还是遭到日寇的袭击。在这次战斗中，左权将军壮烈牺牲。此后，辽县改为左权县。当时，何云同志率领报社机关，随总部和北方局向外线转移。在危急关头，何云对身边的同志说："不要把子弹打光了，留下最后的两颗，一颗打我，一颗打你自己，我们不能当俘虏！"5月28日黎明，正在大羊角村山坡上隐蔽的何云，不幸背部中弹负重伤，昏倒在地。当被医护人员抢救醒来时，他的第一句话就是："我的伤不很严重，快去抢救倒在那边的同志吧！"当医护人员检视完别的伤员再来看他时，他已经牺牲了，时年37岁。

河北新华日报社在此次反"扫荡"中，伤亡较大，牺牲了48位同志，这是我国新闻史上最为悲壮的一页。让历史铭记他们，他们是：何云、李竹如、王健、王佩琳、王剑萍、孔宪辰、白多才、白冲云、牟中衡、朱省三、何宏光、陈玉生、李暎晖、胡义晋、孙克温、郝清芳、徐晨钟、康吾、陈达、张谔、张成台、张全义、张忠良、张芳万、张耀文、黄中坚、黄君珏、郭汉文、梁振山、冯秉根、乔秋远、董自托、万兆连、杨叙九、赵在青、裴青云、刘远、刘韵波、褚朝选、阎兆文、韩俨、韩邦藩、韩瑞、韩秩五、缪乙平、肖炳焜、魏天文、魏奉璋。

1986年5月28日，太行新闻烈士纪念碑落成。纪念碑位于山西省左权县麻田镇清漳河畔西山下，面向新闻烈士殉难地，碑高7.5米，正面镌杨尚昆同志亲笔题词："太行新闻烈士永垂不朽！"右侧面镌陆定一同志题词："一九四二年五月，华北新华日报社社长何云等四十余位同志壮烈牺牲。烈士们永垂不朽。"左侧面镌《何云同志简历》一文，

太行新闻烈士纪念碑

介绍了这位热血洒在太行山上的新闻战士的光辉战斗历程。

而今，中国已经发生了翻天覆地的变化，这片土地早已不是日军铁蹄下的黄土，中华民族已经骄傲地屹立于世界民族之林，满怀文化自信。

英烈们，这盛世，如你们所愿！

七、"马克思经理"方志敏

"朋友,我相信,到那时,到处都是活跃跃的创造,到处都是日新月异的进步,欢歌将代替了悲叹,笑脸将代替了哭脸,富裕将代替了贫穷,康健将代替了疾苦,智慧将代替了愚昧,友爱将代替了仇杀,生之快乐将代替了死之悲哀,明媚的花园,将代替了凄凉的荒地!这时,我们民族就可以无愧色的立在人类的面前,而生育我们的母亲,也会最美丽地装饰起来,与世界上各位母亲平等地携手了。"——这是1935年5月方志敏在狱中用敌人劝降的纸写下的《可爱的中国》中的词句。

80多年过去了,今天,诗人笔下的"可爱的中国"愿景已成现实,可这位中国最可爱的诗人却不曾看见。就让我们重读《可爱的中国》,走进"可爱诗人"的世界,进一步了解他、敬爱他。

方志敏(1899—1935)的生命是短暂的,但他的形象是丰满的,他不仅是一位伟大的革命家,一位屹立文坛的"文学青年",他还曾是"马克思经理"。他不仅留下了可歌可泣的战功,也留下了诸多不朽的诗篇,还有一些鲜为人知的小故事。

为了宣传马克思主义,打破南昌的沉寂局面,江西省弋阳县人方志敏以私立心远大学旁听生的身份做掩护,筹划创办南昌文化书社。1922年1月初,南昌文化书社正式在南昌百花洲三道桥东湖边上的一间平房里开业,由方志敏担任经理。南昌文化书社专售革命书报,广泛宣传马克思主义,这是江西第一个

江西省弋阳县方志敏纪念馆雕像

从事无产阶级革命活动的据点。书社门面不大，但陈列的书籍却名目繁多，大都是新出版的社会科学书籍和报刊。一些普通书店不敢销售的书刊，如《共产党宣言》《〈资本论〉入门》《历史唯物论浅说》《共产主义 ABC》以及《解放与改造》《向导》《先驱》等报刊，在这里都有出售。不过不公开陈列，而是放在后厅秘密销售。这个后厅实际上是一个学习室，它吸引了许多进步青年。这些光顾书社的人，大部分是南昌大中学师生、社会青年、店员和徒工。

南昌文化书社由于有明显进步倾向，很快便遭到反动军阀的干涉和镇压。1923 年 3 月中旬，江西督理蔡成勋查封了南昌文化书社，并扬言要逮捕"马克思经理"。"马克思经理"就是指方志敏①。当时由于方志敏因病住在美国人办的南昌医院，幸得身免。南昌文化书社虽然只存在半年左右，但它成为一个起点，为江西革命运动点燃了星星之火。

1924 年 4 月，方志敏与赵醒侬在江西南昌一平印刷所建立"中共秘密联络点"，为南昌地区党员之间的联系提供了场所，并为后续"中共南昌支部"的建立打下了基础。宣传马克思主义，需要印制大量的宣传品。当时省印刷局局长正是共产党员龙超清的哥哥龙超云，一平印刷所所长张田民之弟又与方志敏相识。赵醒侬、方志敏利用这些关系，在这两家印刷所印制了大量的宣传品。方志敏、赵醒侬通过到这两家印刷厂印制革命宣传品的业务活动，广泛接触工人，有意识地向他们灌输马克思主义、揭示工人受苦受难的根源、号召他们团结起来进行斗争。也因此，工人们的觉悟大大提高，他们纷纷要求组织起来，南昌铅印工会应运而生。1924 年 4 月，南昌铅印工会在南昌高安会馆召开成立大会，一平、官纸（省印刷局）、省议会、民报、新报、启民、正义、德荣等印刷所 100 多名代表参加了此次大会。

南昌铅印工会是江西地区最早成立的工会组织。从此，南昌铅印工会成为领导南昌新闻印刷出版工人进行斗争的核心。1924 年 11 月，南昌德荣印刷所

---

① 何立波.方志敏情系红色报刊［J］.党史纵览，2016（09）：37–40.

工人因物价高、待遇差，要求老板增加工资，但老板坚决不同意。方志敏得知情况后，组织南昌铅印工会进行全行业总罢工，以声援德荣印刷所工人的斗争，最终罢工斗争取得了胜利。1930 年 7 月 6 日，方志敏指挥信江独立团，一举攻占景德镇时，缴获了一台圆盘铅印机，铅字也很齐全，从此赣东北根据地的新闻印刷业的面貌有了重大变化。

1930 年 8 月，方志敏在江西省弋阳县创办了《工农报》。《工农报》早期采用石印印刷技术，每周出版一期，每期一张 4 版。1932 年 11 月，该报成为闽浙赣苏维埃政府机关报，社址迁址江西省横峰县葛源。1933 年开始，《工农报》改为 2 张 8 版，向社会公开发行。方志敏经常关心报纸印刷工作，帮助解决工作中的难题。报社缺印刷专业人才，方志敏想方设法从印刷技术发达的上海，或从苏区外围的南昌、景德镇等城市请来技术人员；印刷机器匮乏，他设法通过"白区"党组织或自己的朋友在城里购买；报纸纸张质量较差，他深入过去只能生产毛边纸的苏维埃纸厂，同工人师傅反复试验，生产出质量过关的印刷用纸。根据《方志敏年谱》记载，1933 年 1 月 10 日出版的《工农报》刊载了数条方志敏出席活动的消息。其中就包括 1932 年 12 月 27 日他主持召开的苏区各纸厂主任联席会，"决定改良纸的制造，扩大纸槽，增加纸的生产，以充裕各机关、各学校、各地群众的应用"。

第九章

红色印刷轶事

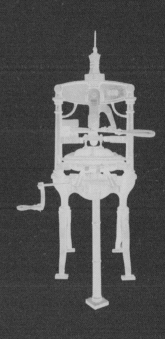

共和国是红色的，不能淡化这个颜色。

在党领导创建新中国的历史进程中，留下了一系列红色故事，有长征故事，也有抗日战争故事；有新闻故事，也有印刷故事。一个一个红色小故事，承载着红色历史，铭刻着红色记忆，展示着信仰的力量，散发出真理的味道。故事里有冰冷的印刷机，有热血的新闻人；故事里有雪白的纸张，也有漆黑的油墨；故事里有伟大隐秘，也有歌声嘹亮。

听！1937年陕西延安清凉山上中央印刷厂的歌声："是抗战文化的心房，我们的印刷厂，努力呀，弟兄们！加速转动我们的机轮，让中共救国建国的主张借着我们的印刷品，散布到全中国！"

听！1940年江苏新四军苏北指挥部印刷厂的歌声："听那！健壮的机器飞跃地怒吼着！黑沉沉的铅字在手盘里翻转！无数的纸张在我们手里变成大众的食粮，变成革命的力量！"

听！1942年河北平山晋察冀画报社的歌声："摄影的奔走在前线，编辑的挥动笔杆，我烂铜版，你晒铅皮，刻字的短兵相接，排字的日行百里，摇大轮的身强力又壮，装订的手艺多精细……"

一、党创办的第一家出版社

1921 年，中国共产党第一次全国代表大会在上海和嘉兴召开。大会通过了中国共产党第一个纲领和第一个决议，确定党的名称为中国共产党，选举出党的领导机构——中央局。中共一大通过的决议中指出："一切书籍、日报、标语和传单的出版工作，均应受中央执行委员会或临时中央执行委员会的监督。"从这里，我们看到一大决议既是党的指导方针的起点，也是党领导宣传出版工作方针的最早依据。为了系统地编译马克思主义著作，根据中央局的决定，时任中央局宣传主任李达创办了人民出版社。

中国古代，出版印刷机构一般称为"书坊""书铺"，近现代出版机构多称"书局""书社""印书馆"等，而中国共产党创办的人民出版社，第一次使用了"出版社"之名。"出版"这个词在古汉语中并不存在，直到清末才在中国开始应用，所以"出版社"当然也是出现在"出版"之后了。《新青年》第 9 卷第 5 号刊登《人民出版社通告》，宣布了它的宗旨和任务。通告说："近年来新主义新学说盛行，研究的人渐渐多了，本社同人为供给此项要求起见，特刊行各种重要书籍，以资同志诸君之研究。本社出版品的性质，在指示新潮底趋向，测定潮势底迟速，一面为信仰不坚者祛除根本上的疑惑，一面和海内外同志图谋精神上的团结。各书或编或译，都经严加选择，内容务求确实，文章务求畅达，这一点同人相信必能满足读者底要求。"

1921 年秋天以后，我国许多地方陆续出现了广州人民出版社出版的马克思

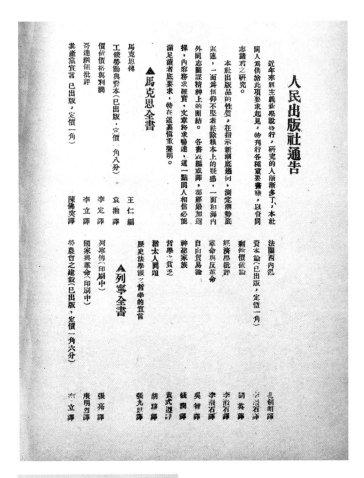

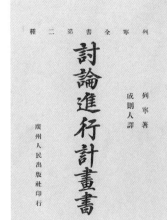

《新青年》杂志第9卷第5号《人民出版社通告》

1922年广州人民出版社印行的列宁全书第二种《讨论进行计画书》，人民出版社藏主义著作和其他革命书籍。但这是一波充满智慧的操作，很少有人知道，实际上这些书都是在上海出版的。由于当时国家处于军阀统治和帝国主义侵略势力的控制之下，当政者把马克思主义视为"洪水猛兽"，公开出版马克思主义著作和其他革命书籍是不可能的。所以"广州人民出版社"是共产党早期的秘密出版机构，但它在党内的正式名称为人民出版社。为了保护出版社的安全，标明的地址是"广州昌兴马路 26 号"，实际地址在上海南成都路辅德里 625 号（现在的上海成都北路 7 弄 30 号）。当时之所以将公开地址标为广州，原因是孙中山在广州就任大总统，北洋军阀政府对它鞭长莫及，无可奈何。

人民出版社最初拟定了内容丰富的出版计划，准备推出马克思全书 15 种、列宁全书 14 种、康民尼斯特（共产主义）丛书 11 种、其他读物 9 种，但限于当时白色恐怖笼罩，加上条件限制，最终未能出齐。1923 年秋，人民出版社与党的其他出版机构合并，暂时退出了历史舞台。人民出版社的第一次亮相虽然仅两年的时间，但作为党创办的第一个出版社，在配合党的宣传工作和向人民群众传播马克思主义方面做出了很大的贡献。

中华人民共和国成立后，人民出版社重建，毛泽东亲笔题写了"人民出版社"社名。新中国的人民出版社继承了革命年代的光荣传统，成为中国共产党和中国政府官方的出版社。

二、红色印刷歌声

当代中国，人们将中国共产党领导的革命战争时期创作的反映战斗生活的歌曲以及新中国成立后抒发无产阶级远大志向、反映人民群众生活与社会主义蓬勃发展的歌曲称为"红色歌曲"，简称"红歌"。在热血沸腾的革命岁月中，在艰苦的战斗生活中，红歌的传唱能生发出豪迈的英雄气概，激励人们团结一心、奋发向上。无论是歌唱者还是听众，不仅能得到感官上的享受，愉悦身心，而且能从中汲取精神力量，受到感化和教育。印刷战线的同志们，同样创作谱写了众多以爱国爱党、努力生产、表达心声为主题的红色印刷歌曲。

1937 年 7 月 1 日，中央印刷厂在延安清凉山正式成立。中央印刷厂很快就创作了自己的厂歌。厂歌由中国革命音乐的先驱吕骥作曲、正义作词。这首歌给全厂职工增添了信心和力量，从领导到工人，人人会唱，雄壮的歌声常常响彻延河之滨、清凉山上——"是抗战文化的心房，我们的印刷厂，努力呀，弟兄们！加速转动我们的机轮，让中共救国建国的主张借着我们的印刷品，散布到全中国，努力呀，弟兄们我们要完成中华民族的解放，要创造独立自主幸福的新中华！……"

晋察冀边区银行印刷厂也创作了自己的厂歌《边钞印刷工人歌》。歌曲于 1939 年 9 月 28 日刊登在《歌创造》第 6 期上 [1]，由此传播开来。歌中唱道："我

---

[1]　上海市新四军历史研究会印刷印钞分会编，《中国革命印刷史资料》第四辑，1987 年，第 420 页。

们的工作是高尚而神圣，我们是经济前线上的哨兵，这里的机器唱出快乐的音响，一切都为了祖国新生……"

1940年春，西北战地服务团团长周巍峙在河北省灵寿县油盆村谱写了《晋察冀边区印刷局局歌》[①]。歌中唱道："纸片在飞，机器在雷鸣，装订成功，堆起印刷品，美丽钞票在流通，文教材料在飞行。劳动的手，跳跃的心灵，流着的汗，闪动的神经，肩负显明的大旗，为了边区作斗争！晋察冀的土地大，晋察冀的烽火紧，世界燃起了烽火，人类正在争取新生，同志们战友们，爱护工作的神圣。"

1940年美术家涂克为新四军苏北指挥部印刷厂厂歌谱了曲，厂歌名叫《我们是青年的文化战斗员》，歌词写道："我们是青年的文化战斗员，我们创造了工农大众的文化堡垒。看那！我们挣脱了被人剥削的锁链，欢笑地走在自由的行列里。听那！健壮的机器飞跃地怒吼着！黑沉沉的铅字在手盘里翻转！无数的纸张在我们手里变成大众的食粮，变成革命的力量！我们是青年的文化战斗员，战斗在民族革命的战场上，战斗在我们党的无限光辉下。"

1942年，位于江苏扬州的新四军江淮印钞厂也谱写了厂歌。《江淮印钞厂厂歌》反映了印钞工人在烽火年代的精神面貌和对党的事业的坚定信念。歌中

---

① 傅永发：《晋察冀边区印刷局简史》，中国金融出版社1995年版，第26页。

右页上左　1938年创作的延安《中央印刷厂厂歌》，正义作词，吕骥作曲，选自《延安中央印刷厂编年纪事》，陕西人民出版社1988年版

右页上右　1939年方冰作词、上午作曲的《边钞印刷工人歌》，选自《中国革命印刷史资料》，上海市新四军历史研究会印刷印钞分会编，1987年版

右页下左　1940年由周巍峙创作的《晋察冀边区印刷局局歌》，选自《晋察冀边区印刷局简史》，中国金融出版社1995年版

右页下右　1942年创作的《江淮印钞厂厂歌》，选自《战斗在华中敌后》

中央印刷厂厂歌

正义 词
吕骥 曲

G 2/4

是抗战文化的心房，我们的
抗战文化的心房，我们的

印刷厂，努力呀，弟兄们！加速转动
印刷厂，努力呀，弟兄们！加速转动

我们的机轮，让马克恩列宁斯大林的声音
我们的机轮，让中共救国建国的主张

借着我们的印刷品 传播到 四
借着我们的印刷品 散布到 全

方是
国，努力呀，弟兄们我们要
中

完成 中华民族的解放要创造
独立 自主 幸福的新中华！

边钞印刷工人歌

方冰调
上午曲

D调2/4

我们的工作是高尚而神圣，我们是

经济前线上的哨兵，这里的机器唱出快

乐的音响 一切都为了祖国新生。

我们这里 没有压榨与剥削 更没有

皮鞭与呻吟。 我们要拿出全部血

汗 创造自由的前程！

晋察冀边区印刷局局歌

周巍峙同志 1940年春
作于灵寿县油盆村

罗琪 焦连青
郭殿奎等忆词曲

2/4

纸片在飞，机器在雷鸣，装订成功，堆起
劳动的手，跳跃的心灵，流着的汗，闪动的

印刷品，美丽钞票在流通，文教材料在飞行。
神经，肩负显明的大旗，为了边区作斗争！

晋察冀的土地大，晋察冀的烽火紧，

世界燃起了烽火，人类正在争取新生。

同志们战友们，爱护工作的神圣，同志

们战友们，爱护工作的神圣。

江淮印钞厂厂歌

我们是劳动的工人，经济战线上坚强苗
我们是劳动的工人，经济战线上坚强苗

战士，为了社会的幸福，为了人类的解放这儿
战士，工厂是我们战场，机器是我们刀枪，这儿

有我们共产党。生活是自由，愉快、舒
有我们共产党。生活是自由，愉快、舒

畅，团结友爱活泼紧张努力
畅，团结友爱活泼紧张努力

工作和学习向英雄的苏联工人同志们做
工作和学习向英雄的苏联工人同志们看

榜样，
齐。

新四军苏北指挥部政治部印刷厂的同志
们正在唱《印刷厂厂歌》。汪观清画，
选自《战斗在华中敌后（三）》

唱道：“我们是劳动的工人，经济战线上坚强的战士，为了社会的幸福，为了民族的解放，这儿有我们共产党，生活是自由、愉快、舒畅，团结、友爱、活泼、紧张，努力工作和学习，以英雄的苏联工人同志们做榜样。我们是劳动的工人，经济战线上坚强的战士，工厂是我们战场，机器是我们刀枪，这儿有我们共产党，生活是自由、愉快、舒畅，团结、友爱、活泼、紧张，努力工作和学习，向英雄的苏联工人同志们看齐。”

1943 年 4 月，由章文龙作词和赵烈作曲的《晋察冀画报社一周年纪念歌》中唱道：“摄影的奔走在前线，编辑的挥动笔杆，我烂铜版，你晒铅皮，刻字的短兵相接，排字的日行百里，摇大轮的身强力又壮，装订的手艺多精细，运输员爬山过水，采购员奔走东西。快快乐乐的工作，紧紧张张的学习着啊，生产了大堆大堆的文化粮食，创造了很好很好的劳动工具……”

三、水上流动印刷厂

为了适应战争环境，使印刷厂能安全生产，许多地区的战时印刷厂都曾采用过"海、陆、空"三种不同方式开展印刷生产。"海"是指水上印刷厂，就是把机器安装在船上，可以流动印刷；"陆"是指陆地上的印刷厂；"空"是指马上印刷厂，就是把机器安装在马车上，可以移动印刷。

新四军一师政治部印刷厂就是一支战斗在黄海上的队伍。印刷厂开始建在苏北角斜顾家庄（今江苏省南通海安市老坝港滨海新区顾陶村）。1941年底，日军开始"大清乡"，印刷厂被迫搬迁到一艘大海船上，到黄海上继续生产。不过，印刷厂始终紧跟着部队，部队在哪里，印刷厂的印刷船就停靠在附近，说走就走，行动方便。在这艘印刷大海船上，工人们在摇晃中，掌握了晃动中排字、印刷的技巧，稳定了印刷品的质量。但是海船上的生活极其艰苦，首先饮用水就是个要命的难题。船上的空间只能装一舱淡水，最多只能维持20天，所以需要靠岸买水。印刷厂的同志回忆："有一次断水了，不多时就没'甜水'（淡水）吃了，岸上的日本鬼子在'清乡''扫荡'，没机会靠岸。最后，领导决定向南进发，说来真巧，我们向南行进不久，来了大风大雨，大家高兴地冒雨积水，碗、茶杯、面盆都用上了，还把被单张开，在水舱上积水，解决了吃水问题。"缺乏生活用水的痛苦也是今天的人们无法想象的。海水是咸的，用海水洗脸、洗澡、洗衣服之后，就会有化学反应。如果大热天用

新四军一师政治部印刷厂在黄海海船上坚持印刷，汪观清画，选自《战斗在华中敌后（三）》

海水洗澡，不一会儿身上结成盐霜，容易生疮、起痱子。

拂晓报印刷厂在很长一段时间内也是水上印刷厂。印刷厂于 1941 年 8 月创建，在创建初期采用油印办报。油印所需要的印刷器材较简单，规模也不大，所以相对灵活，隐蔽性强，转移方便，但发行量自然也比较有限。自 1943 年 5 月 1 日起，报社正式改用铅印办报。这样，印刷厂连人带设备规模很大，为了隐蔽和安全，一直到 1945 年 9 月日本投降，都是依靠洪泽湖作为天然屏障出报的。报社的编辑部设在湖岸上，由骑兵通信员递送稿件，虽然历经日军无数次的"扫荡"，但工厂依然可以按期出报，也没有遭受很大的损失。

在 1987 年出版的《烽火年代的印刷战线》一书当中，有一篇文章题为《海上印刷厂的一日》。文章中写道："1942 年 3 月某日，今天，没有什么特别，和往常一样；船舱里滴滴答答的铅字声，海上印刷厂在紧张工作。舱板上风箱呼呼地在吹化铅炉（这是在熔铅铸活字），校对的同志在要赶印的整风文件的清样上，用红笔勾画着……（这是在校对）；另一个船舱里，报务员正全神贯注地在收报（这是在收文组稿）……

当年新四军四师政治部出版发行科科长李波人还创作了几首小诗描写洪泽湖水上印刷厂的情景：

其一

百里洪泽连半城，烟波浩淼赛莲瀛，

万重芦障千条汊，印厂水上安大营。

其二

宋家大船两千石，上下三层似战舰，

排、校、装订加厂部，船头开会又吃饭。

其三

机房设在张家船，脚踏四开小圆盘，

机器开动船也动，逐浪颠簸象摇篮。

其四

材料奇缺字不全，个个木刻也困难，

英雄要数车云龙，土模浇铸字满盘。

新四军四师政治部印刷厂在洪泽湖船上挑灯夜
战——印报，段振佩画，选自《烽火年代的印刷
战线》，解放军出版社

四、抗战时的印刷学校

"高高名山太行，涛涛河水清漳。我们来自各方，我们的目的一样。学习科学知识，掌握印刷技术。为民族独立，为人类解放。看！胜利的光芒闪耀在前方……"这是 1941 年山西太行印刷职业学校的校歌，是由校长孙久青创作的。这首在炮火中诞生的歌，表达了印刷工人的革命情怀。

七七事变爆发不久，八路军挺进华北敌后，很快建立了太行抗日根据地。从此，辽阔的太行不但金戈铁马、军号嘹亮，同时也伴随着印机怒吼、油墨喷香。为培养印刷技术力量，《新华日报》华北版印刷厂筹办了这所印刷职业学校。为了把学校办好，既培训出技工，也培养出干部，印刷厂专门调了一名县级干部来担任校长，他叫孙久青。孙久青是中共地下党员，曾在山西民族革命大学任教，具有丰富的办学经验。此外还调来 10 多位具有一定印刷技术水平的指导员和专业课教师。

1940 年冬，太行印刷职业学校成立。校址在河北省邢台县的白岸乡西就水村。学校的名誉校长就是当时《新华日报》华北版印刷厂的厂长周永生。开学那天，他冒着严寒，从百里之外骑马来参加典礼，并在会上做了鼓舞人心的讲话，他说："我们这所山沟里的印刷学校是破天荒的。大家要知道，印刷同革命的关系十分密切，从共产党成立那一天起，哪里有革命哪里就有印刷厂，现在我们进行伟大的抗日战争，也离不开印刷厂。我们办这所学校，是要培养印刷技术人员，今后将要通过你们把党的抗日主张、党的号召以及前方的胜利消息，传达到广大群众中去，为抗日救亡运动作出贡献！你们要努力学习，掌握好技术，随着革命的发展，你们毕业后将要到各抗日根据地去，把革命的印刷事业发展起来……"①

第一期 50 多名学员来自四面八方，加上教职员工一共 60 多人。西就水村不大，只有几十户人家。校舍是在临街的一间店铺通房，师生们自己动手把它一隔成三，进门一大间做教室，中间是教师办公室，最后一小间为教务主任和校长室。60 多名师生就在这 60 多平方米的地方开办了印刷技术学校。这个学校的学制为一年，半年文化课，半年专业课和技术实践。当时学习条件很差，上文化课只有几本课本和自编的讲义，上专业课没有讲义。

《新华日报》华北版印刷厂为方便教学，在该村设立了一个分厂，共有一台 4 开平台机，一台脚蹬圆盘机，一副小 5 号字架和一些简单装订设备。教师们根据当时的条件，创造了一种现场教学法，就是把接到的印刷零件任务作为专业课堂现场教学。讲授方法有两种：一种是由一人摇动印刷机，学员们在旁边看着，老师手拿一根小棍，指点着缓缓转动的机械，认识齿轮、中轴、滚筒、咬牙等零件的名称和它们的相互关系，讲得清清楚楚。第二种是把机器拆开来讲，那样就更详细了。排字是从字的长方形体开始讲起，接着讲字号、部位、顺序等。装订讲开本、序号、胶粘、订钉等。最后，50 多名学员分成印刷、排

① 彭建群：《抗日战争时期的印刷学校》，《中国革命印刷史资料》第四辑，1987 年。

版和装订三个工种，但不论哪个工种，都要求对排版、印刷、装订有全面的认识和了解。

太行印刷职业学校从 1940 年冬开学，到 1941 年底结束。学员们经过一年学习，毕业时不仅提高了文化水平，而且都能进行独立的技术操作。经过考核，他们的技术水平达到了二等三级或三等二级，当时太行根据地的技术分为三等九级。这批学员毕业后，被分配到八路军政治部印刷厂、一二九师印刷厂和济南银行印刷厂等单位，多数还是在新华日报华北版印刷厂。这些学员在后来的工作中，有的担任领班，有的当了工人，成为抗日根据地的印刷骨干。新中国成立后，他们之中的许多人还担任着一些印刷厂、出版机关、印刷教育和印刷科研部门的领导职务，为社会主义印刷事业继续做出贡献。

五、机智伪装与坚壁

"坚壁清野"这个成语出自《三国志·魏书·荀彧传》，是指对付强敌入侵的一种方法，使敌人既攻不下据点，又抢不到物资。这个方法在革命战争年代被我们印刷战线广泛使用。党政军的新闻出版印刷厂在广大人民群众的帮助下，在战争环境的逼迫之下，急中生智，采取了各种各样的、令人难以置信的坚壁方法。

1. 坟墓法

抗日战争时期，印刷厂常常采用伪装成新坟的办法来埋藏印刷设备。在接到上级的紧急通知，需要立即转移的时候，就会全体总动员，将印刷器材掩埋。通常是在荒郊野草地里挖大坑，将铅活字、印刷机埋入其中，并将余土盖上。坟头还插上平日里就准备好的纸幡，装扮成死了人刚安葬好的新坟模样，借此来迷惑敌人。这种操作一来让敌人感觉坟墓不吉利不愿意靠近，二来也是一种标记，等"扫荡"之后再回来方便识别。

2. 沉塘法

由于印刷机体积大，搬运不便，挖坑困难，最容易隐藏的办法就是往水里沉。一般是拆卸成几大块。等敌人离开，安全时再打捞上来，重新组装维修。往水里扔看上去是最省时省力的办法，但还是需要经验才能完成好这项任务。因为

日寇"扫荡"路过伪装的坟墓
边。段振佩画,选自《烽火年
代的印刷战线》

并不是所有的机器部件都能沉到水里,有的机件投到水里后会漂浮到水面上,同志们跳到水中强按到水里也会出现"按下葫芦浮起瓢"的现象。这时就需要在机件上缀几块大石头,才能使其完全潜沉下去。

新四军江南社印刷厂在抗日战争时期建立了敌后水上印刷厂。1941年7月,在日寇对苏南"清乡""扫荡"的形势下,印刷厂将设备机器沉入江苏无锡旗杆下村附近的河底,以备日后再用。但之后再也没有启用。中华人民共和国成立后,据说有人去当地查捞机器,未果。

3. 粪桶法

济南在抗日战争期间的很长时间内都是敌占区。可就算是敌占区内,广大的人民群众也在党的领导下,不顾个人安危,冒着生命危险为战地印刷厂提供各种宝贵的援助,比如为印刷厂输送铅活字。由于铅字的耐印率有限,没有整套铸字设备的印刷厂就会总缺铅字,远不是靠手工刻字或者接字能解决的。对于山东地区的红色印刷厂来说，要购买铅字，最近的地方就是济南。但抗日战争期间，日本鬼子守在城门口搜查。可以用来印刷文件和宣传刊物的铅字是绝对的违禁物品，很难送出城。曾任八路军第四支队特务大队大队长的山东人武中奇便找到在当地经商的父亲，雇了一群挑粪工，将铅字包好放在粪桶最底部，然后埋上土，再盖上大粪，挑粪工们过城门的时候，日本鬼子掩着鼻子离得远远的，让挑粪工们赶紧走。就这样，铅字们混过了敌人岗哨的层层盘查，被全部运送出城。老百姓再用清水把它们一个个洗干净，交给我军的采购人员，一站一站转送到报社印刷厂。

4. 耕田法

1948 年，前方印刷厂被迫从山东的鲁中地区撤往胶东的平度县。当时的形势十分严峻，印刷器材必须轻装转移。大家就将全部印刷器材，包括纸张、油墨、铅字等全部埋在土里。为了以假乱真，也为了方便回来辨认，也许还能有所收成，大家对表面的泥土进行翻整，再在土上撒下菜籽，过上几天，菜籽就会发芽长苗，就不易被敌人发现了。

5. 沙滩法

大众日报社印刷厂在一次敌人"扫荡"时，将刚从敌占区买来的一副标题铅字铜模埋在驻地的沙河滩里。不巧，之后就遇上大雨，山洪暴发，木箱被山洪毁坏，铜模不知去向。这件事情发生后，驻村留守同志们吃不下饭，睡不好觉，都感觉愧对报社。中共莒南县委和县政府得知后，连夜召开会议，发动了二三十里内的几十个村庄，男女老少一齐行动，帮助报社在泥沙中寻找铜模。人多力量大，经过沿河村庄群众的努力，最终把丢失的铜模一个一个都捡了回来。

6. 山洞法

晋察冀印刷局的坚壁工作训练有素。他们平常就在每台机器旁都摆好包装箱，箱上标着号码，哪个人负责哪些机器零件，哪些机器零件装在几号箱内，坚壁在哪个山洞里，都有明确预案，反复演练。一旦发现敌情，大家便一齐动手，各负其责，忙而不乱。他们不仅能在很短的时间内将机器拆卸、装箱、坚壁起来，一旦险情解除，又能很快地在几天内把机器安装起来，投入正常生产。这就是在恶劣的战争环境中锻炼出来的过硬本领。

为维持生产和保证边区货币供应，晋察冀印刷局从长期抗战的角度考虑，抓住机会储备大批纸张、油墨、化学药品等印刷物资。为了保证这些物资的安全，他们充分利用天然的屏障，把各种材料全部坚壁在山洞里，以山洞做仓库，保护物资的安全。大多数的山洞仓库在南滚龙沟一带。有少数是天然石洞，但多数是由保管员选择好了易于隐藏的地形，自己动手挖的洞。这些物资有的装入木箱，有的装入大缸。为了隐蔽，还需要进行伪装。有的保管员利用草皮铺在洞口上，再浇上沙土，草长起来之后和周围的山野一样，就是敌人到了跟前也看不出端倪。大家在很短的时间内就挖了30多个这样的山洞，分散在离印刷局远近数十公里的几条大山沟里。而且，为了保密，只有几个保管员自己知道位置。他们各自负责保管的物资，既要保证材料安全，又要保证不误生产。

1961年的一天，湖北省随州市洪山镇宋家乡的一名农民，在山里偶然发现了一堆铅字。那时正是灾荒之年，他便拿到镇上换了几个钱，用这些钱买了些填饱肚子的食物，解了燃眉之急。后来，人们才发现，这堆铅字就是当年附近的印刷厂藏在山里的红色文物。

正是因为残酷战争环境下的东躲西藏，即使到了现在，在一些革命老区，在山洞中，在田野里，红色革命文物还不时出现。1944年春，当时担任华北新华书店管理科科长的韩进和其他几位同志，在日军"扫荡"时埋藏了一批铜字模，埋在河北邯郸涉县索堡镇桃城村东小土丘的梯田里。他们把铜字模装在汽油桶里，为了防止字模生锈,还加上麻油。一共装了12桶埋在梯田里,埋得很深，离地面有二三尺，即使农民去种地，也不会发现。但为了自己能找得到，特别埋在有碗口粗的柿子树下边，作为特别记忆。后来因为没有铸字机，这副铜字模一直没有使用，也就一直没有取出来。1945年日本投降以后，大家都投入到解放战争中，再没有人过问这件事。40年后，同志们才回想起来。不过也没有去挖找，一是担心地形树貌发生了变化，面目全非，二是担心给当地老百姓增加麻烦。因此,如果有一天,邯郸的人发现了这12桶铜字模,一定要送到博物馆,因为它们都是珍贵的红色文物。

六、最宽敞的印刷厂

1939 年 7 月 7 日，中共鄂中区党委在湖北省京山市罗店镇养马畈创办了《七七报》，后来它成为鄂豫边区党委的机关报，陶铸为它题写了报头。刚开始，报纸是油印报，随着影响越来越大，发行量增加，从 1941 年元旦起，《七七报》铅印出版，以崭新的面貌出现在烽火连天的武汉城外围。从手写字体的油印报，到标准印刷字体的铅印报的出版是实力的体现，是一个标志，标志着鄂豫边区的发展与壮大。报纸的发行量与影响力的增大，引起日寇的仇视。日寇经常进山"扫荡"，印刷厂只能采用"骡马驮大炮"的办法，带着笨重的铅活字和铅印机随部队转移，在战斗间隙，把机器架起来印报。

为了应对敌人频繁的"扫荡"，1941 年初，印刷厂远离党委机关和编辑部，隐蔽在偏远的山村中，由编辑部派人送稿来印刷。这样，不管编辑部随着党委机关迁到哪里，报纸都能按时印刷出版。专门有同志负责找寻每次转移的安置点。有一次，负责寻找安全地点的同志们在向家冲附近的荒山寻觅。在密林深处，转过一个荒山洼，他们发现一个浓荫蔽日的地方别有天地，山峦叠嶂。大家一致认为这里安放机器印报是最隐蔽的，哪怕敌人发现了也不敢闯进来。后来，大家七手八脚地把机器架设在半山腰一块比较平坦的林间空地里，铅活字排字架就靠大松树立着。没有桌子没有板凳，就在装器材的木箱上拼版。刻字工人坐在地上倚着自己的膝盖刻字。校对坐在缠绕在松树之间的葛藤上工作。山顶上配有瞭望哨监视敌情。每个人的背包都是打好的，随时可以转移。就这样，

钻深山露天印报纸。摘自1982年
《战斗在敌后（二）》

大家谈笑风生地赶印着报纸，紧密的枪声、轰隆的炮声，就像是给印刷厂的同志们奏乐鼓劲儿，催他们快点印报。枪炮声、印刷机的转动声和同志们的欢笑声交织在一起。深山之中，密林之间，天做房顶，山为墙。尽管印刷设备不多，但是这样的"厂房"，实在是敞亮，世界上哪个印刷厂能如此宽敞呢？

几千斤重的印刷机和铅字，从1941年初到1942年冬，在短短的不到两年的时间里，在京山市四周方圆几十里的崇山峻岭之间搬来搬去，究竟搬了多少地方，连印刷厂的同志们也记不清了。

七、地道里的印刷厂

1944 年抗日战争仍处在艰苦时期，敌人大搞"三光"政策，对解放区进行反复"扫荡"。为了针锋相对地与敌人做斗争，经济战斗也必须打响，银行也必须发展壮大起来。当时鲁西银行是冀鲁豫行政公署的地方银行，其业务范围包括冀南、豫北和鲁西南三个专员公署区。鲁西银行下设 6 个印钞所。他们在鲁西地区广大农村挖地道印钞票，开展地道里的经济战争。

鲁西银行印钞二所就在鲁西黄河故道郓北农村。印刷钞票是一件保密要求非常高、非常危险的事情。哪里最安全呢？在那战火纷飞、硝烟弥漫的年代，没有安全之地。但，最危险的地方，可能最安全。二所就"斗胆"设在距离敌人很近的地方，郓北黄河故道的下边，距离日伪修的 280 米长的封锁沟仅仅 4 公里。但是印钞厂的同志们不怕危险，在敌人的眼皮底下，挖地道建印刷厂，一边查看着敌情，一边设岗封锁行人。就连当地的群众也不知道他们在干什么，他们只知道是个运输队。工人们夜间在地下挖土，拂晓把新土伪装起来，挖的痕迹用干沙子盖好，路上的车辙脚印使耙子拉一拉，风沙一吹，什么痕迹也没有，洞口也同样伪装好。白天出来，大家轮流休息。空余时间还帮群众干活，有时还演戏、唱歌扭秧歌。有文化的人，就到村里刷标语画漫画，这样印钞队摇身一变就成为宣传队。在这种地方挖地道不仅辛苦，还有着和打仗一样的危险。因为这一带都是沙土层，平时挖个井、掏个洞都会塌方。敌人曾扬言，这里出不了地道战。确实，挖洞时塌方很厉害。银行印钞一所也是挖的地道印钞厂，那是在现在河南内黄县沙区农村。一所的地下厂就是同志们用生命建成的，有一次严重塌方，有 5 位同志被压在土下，最后大家全力搜救也只救活了一个人，其余 4 位同志都牺牲了。

河道下边建印刷厂没有受到干扰。大家齐心协力，经过 10 多天的奋斗，印钞二所地下印钞厂就建成了。地下坑道分两层，上层装了一台旧的铅印圆盘机，还有一个切纸案子；下层有两间隐蔽深耳洞，一个存钞票，一个放原材料。在转弯抹角处挖个甬道，既通风又防万一。这个地下印钞厂十分保密，不在下边工作的人都不知道下面的奥秘，连部队的指战员在地下室上边行走两次，还在村里同印钞工人们住了三天，也没有发现一点破绽。村民们称赞说，这个运输队真稀奇，夜间神出鬼没运东西，白天演戏刷标语。有村民悄悄地问：运的是啥？大家都答是军事机密。没人知道，这是在"玩点纸成金的大魔术"，在和敌人打地道经济战争。

右页　1944年地道印刷厂印制的鲁西银行临时流通券叁佰圆

八、教堂里的红色印刷所

河北献县位于雄安新区南面，县城东门外有一座教堂，就是大名鼎鼎的河北献县张庄天主教堂。教堂掩映在华北平原的一片绿树之中，它高耸入云的教堂尖顶，在阳光照耀下熠熠生辉。教堂院内，藤萝攀绕，奇花绽放，松柏葱郁，环境十分幽雅。其错落有序的幢幢欧式建筑，宛若童话世界。张庄教堂始建于1863年，占地共700余亩，总堂共建有6座圣堂，14座楼房，数百间平房，总计房舍有1300间。现在去那里拍照打卡的人很多，但却很少有人知道，这里竟然也曾红旗漫卷。

1944年10月23日，晋察冀边区行政委员会发出《关于财政问题的指示》，要求各地逐步恢复和加强银行机构，开展金融业务。于是冀中分行正式成立，同时成立了冀中行署印刷所。印刷所的地址就设在张庄天主教堂内。该教堂在1937年至1938年间，曾自行以石印机印制发行纸币，面值有壹元、贰元，票面上印有"张庄天主堂"字样。当时，市场上边区票数量很少，而且都是残旧的。市场上流通的主要货币还是伪联合准备银行券。同志们到市场上用伪钞买东西，大家都觉得很难堪，感到愤慨：自家没有票子，等于没有武器，怎么能同敌人做货币斗争呢？

1945年6月，在筹备冀中印刷所时，为解决印刷设备问题，行署派人到献县张庄天主教堂洽购铅印机。当时的教会耶稣会长尚建勋是法国人，他代表

河北献县张庄天主教堂

总堂表示愿意捐助，并立字据。字据内容为："本年夏天，八路军解放了县城，敝堂人士非常兴奋，此后不再受敌人的统治了，真如拨云雾而见青天。回想在过去的八年对抗日工作无甚贡献，自觉愧对解放区人民，适值我八路军为了群众教育事业的需要，欲购敝堂铅印机一用，敝堂愿将铅印机三架（大二小一），铸字机一架，铅字一部，不取分文，捐助八路军，聊表本堂抗日之热忱。献县张庄天主堂会长尚建勋，中华民国三十四年六月廿八日（河北献县天主堂耶稣会章）。"

就这样，冀中行署印刷所向张庄天主教堂借用公学院内平房1排，约20间房，东大院楼房1座，发电机1架，裁纸刀1架，开始印制边区票和粮票。冀中行署印刷所成立后对外挂牌为"裕民工厂"。从1945年8月20日开业到1945年10月底，印制完成第一批钞票，之后，印刷所逐渐壮大。至1945年底，行署印刷所共有大石印机1台，小石印机30台，铅印号码机10余台，全所职工有600多人。1946年1月，冀中行署印刷所改组为冀中印刷分局。

1946年6月，国民党当局破坏和谈协议，挑起大规模内战，派军队向解放区大举进攻。天主教堂内外都有特务活动。国民党军的飞机也频繁在天主教堂上空盘旋侦察。为了保证冀中印刷分局的安全，1946年11月，冀中印刷分局将所借房屋、机器物品清点后退还给天主教堂，将印刷机器、材料物资、已印好的钞券和生产过程中的半成品，装上大车，转移到河北武强县。

在转移过程中还发生了一个小插曲。有一辆拉钞票的铁轱辘大车，在大陈庄附近掉下了一个麻袋，被大陈庄的一个叫陈赫木的少年和一位小姑娘发现捡到。他们打开一看，里面装满边区票，当即将麻袋交到了县政府，由县政府转交到印刷分局。县政府为表彰这两位少年，给他们颁发了奖品，每人发了18斤猪肉、10斤白酒、一身时髦的机织布衣服。这留下一段佳话。

1948年8月，冀中印刷分局与冀晋印刷分局合并，成立了华北银行直属印刷厂。1950年1月，直属厂和新新印刷局并入"中国人民印刷厂"。现在的中国人几乎没有听说过"中国人民印刷厂"这个名字，连印刷圈内的人也少有人知道。在新中国成立大典上，还有"中国人民印刷厂"的同志们举着印有厂名的横幅走过天安门的珍贵一幕。"中国人民印刷厂"可追溯至清政府1908年创办的度支部印刷局，后多次易名，先后称"财政部印刷局""财政部北平印刷局""中央印刷厂北平厂"，是近代中国印制钞票、邮票的主要厂家。1949年北平解放不久，华北人民政府主席董必武即来厂视察，并将厂名命名为"中国人民印刷厂"。1950年3月，该厂更名为北京人民印刷厂。1955年1月，又更名为国营五四一厂。1988年7月更名为北京印钞厂。2008年3月更名为北京印钞有限公司。这一连串的更名，浓缩了时代的变迁，折射了社会的进步。

【新中国成立彩色纪录片】《中国的重生》（俄语版）

1949年10月1日开国大典上中国人民印刷厂职工游行队伍走过天安门。图片截自新中国成立彩色纪录片视频

参考资料

[1]乌兆彦.情暖清凉山——忆毛泽东关心印刷职工片断[J].广东印刷,1998(5).

[2]霍仲奎.回忆在延安八路军印刷厂的岁月. // 中国印刷年鉴(1982—1983)[C].北京:印刷工业出版社,1984:214.

[3]中国社会科学院新闻研究所.中国共产党新闻工作文件汇编(上)[M].北京:新华出版社,1980.

[4]毛泽东.中国革命和中国共产党[M].北京:人民出版社,1952.

[5]四川省地方志编纂委员会.民国时期四川雕版图书简目.四川省志·出版志(下册)[C].成都:2001.

[6]鲁迅.新俄画选小引[M].上海:朝华社,1930.

[7]顾棣.中国红色摄影史录[M].太原:山西人民出版社,2009.

[8]上海市新四军历史研究会印刷印钞分会.红色号角[M].成都:四川人民出版社,1991.

[9]编者.例言[J].科学杂志,1915(01).

[10]任贵祥,丁卫平."油印博士"邓小平的留法生涯[J].党史纵览,1994(5).

[11]尹维祖.传承和发扬陕西新闻文化的红色基因[J].当代陕西,2014(9).

[12]王峰.延安《解放》周刊公开发行与在西安两次被非法查禁事件探略[J].延安大学学报(社会科学版),2015,37(02).

[13]《群众周刊大事记》编写组.群众周刊大事记[M].北京:红旗出版社,1987.

[14]刘鉴堂.回忆《向导》周刊在北京印行的经过[J].近代史资料,1958(1).

[15]张彦平.延安中央印刷厂编年纪事[M].西安:陕西人民出版社,1988.

[16]翟丽娟.晋察冀根据地《抗敌报》研究[D].上海:上海师范大学,2016.

[17]刘江,鲁兮.太行新闻史料汇编[M].太原:太行新闻史学会,1994.

[18]《晚霞坐辉》编辑组.晚霞生辉[C].成都：四川省革命印刷印钞历史研究会，1987.

[19]钱钢.回眸"重庆谈判"[N].中国青年报，2005-11-2.

[20]吴道弘.中国出版史料(现代部分第2卷)[M].济南：山东教育出版社，2001.

[21]康山.边区展会之召开与抗战经济建设[N].新中华报，1939-4-28.

[22]赵晓恩.以延安为中心的革命出版工作(1936—1947)(四)[J].出版发行研究，2001(4).

[23]马克思，恩格斯.马克思恩格斯全集：第39卷[M].北京：人民出版社，1974.

[24]中共中央文献研究室.毛泽东年谱(1893—1949)（上）[M].北京：中央文献出版社年版，2002.

[25]毛泽东.毛泽东选集[M].北京：人民出版社，1991.

[26]延安清凉山新闻出版社革命纪念馆.万众瞩目清凉山（第一辑）[Z].1986.

[27]中共中央文献研究室.毛泽东文集（第二卷）[M].北京：人民出版社，1993.

[28]张人凤.商务印书馆一百年[M].北京：商务印书馆，1998.

[29]陈明远.文化人的经济生活[M].西安：陕西人民出版社，2010.

[30]哈罗德.D.拉斯韦尔.世界大战中的宣传技巧[M].北京：中国人民大学出版社，2014.

[31]林之达.中国共产党宣传史[M].成都：四川人民出版社，1990.

[32]通讯员.写标语的模范连队[N].红星报，1935-12.

[33]八路军野战政治部关于一九四二年政治工作方针的指示（1941年12月20日）[A]//《中国人民解放军历史资料丛书》编辑组.八路军·文献，北京：解放军出版社，1994：745.

[34]杨琦.战斗在华中敌后（五）[C].上海：本书编写组，1988年（内部出版）.

[35]魏宏运.抗日战争时期晋察冀边区财政经济史资料选编[M].天津：南开大学出版社，1984.

[36]陈英，许启贤.战斗在华中敌后（二）[C].本书编写组，1982（内部出版）.

[37]新四军暨华中抗日根据地研究会北京印刷联络组编.烽火年代的印刷战线[M].北京：解放军出版社，1987.

[38]何立波.方志敏情系红色报刊[J].党史纵览，2016(9).

[39]《中国共产党江西出版史》编写组. 中国共产党江西出版史[M]. 南昌：江西人民出版社. 1994.

[40]上海市新四军历史研究会印刷印钞分会编.中国革命印刷史资料（第四辑）[M].上海：上海市新四军历史研究会，1987.

[41]傅永发.晋察冀边区印刷局简史[M].北京：中国金融出版社，1995.

[42]徐传强，武中奇：战火中走出的书法家[N].济南时报，2011-6-21.

[43]陈春兰.印刷与革命：中共领导下的印刷事业研究（1921—1945）[D].华中师范大学，2016（内部出版）.

[44]朱鸿召.延安发明制造马兰纸[J].档案春秋，2019(6).